高职高专"十三五"规划教材

高分子材料结构、性能与测试

陈晓峰　甘争艳　主编

李庆宝　主审

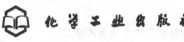

化学工业出版社

·北京·

《高分子材料结构、性能与测试》以常用高分子材料作为具体研究对象，对其结构与成型性能、使用性能之间的关系加以探讨，并通过实验测试加以验证。内容包括：高聚物结构与性能关系概述，高分子链的结构，高分子的聚集态结构，高聚物的屈服、断裂和力学强度，高聚物的高弹性和黏弹性，高聚物的电学性能，高聚物的流变性能，高分子溶液及分子量和分子量分布等。通过学习，学生将掌握高分子的结构对其物理性能、加工性能及应用性能的重要影响，理解高分子结构与性能之间的内在联系及其规律，为将来能对高分子材料合理地选择和改性、并正确地加工成型奠定基础。

　　本书为高职高专高分子材料加工工艺专业的学生教材，也可作为相关生产企业的技术人员的参考书以及职工培训用书。

图书在版编目（CIP）数据

高分子材料结构、性能与测试/陈晓峰，甘争艳主编.
北京：化学工业出版社，2016.9（2025.2重印）
高职高专"十三五"规划教材
ISBN 978-7-122-27698-8

Ⅰ.①高…　Ⅱ.①陈…②甘…　Ⅲ.①高分子材料-
高等职业教育-教材　Ⅳ.①TB324

中国版本图书馆 CIP 数据核字（2016）第 172304 号

责任编辑：张双进　　　　　　　　　文字编辑：颜克俭
责任校对：王素芹　　　　　　　　　装帧设计：王晓宇

出版发行：化学工业出版社（北京市东城区青年湖南街 13 号　邮政编码 100011）
印　　装：涿州市般润文化传播有限公司
787mm×1092mm　1/16　印张 7¾　字数 201 千字　2025 年 2 月北京第 1 版第 5 次印刷

购书咨询：010-64518888　　　　　　售后服务：010-64518899
网　　址：http://www.cip.com.cn
凡购买本书，如有缺损质量问题，本社销售中心负责调换。

定　　价：25.00 元　　　　　　　　　　　　　　　　　版权所有　违者必究

前言
Foreword

　　《高分子材料结构、性能与测试》是高分子材料加工工艺专业的重要核心课程教材，内容包括高聚物结构与性能关系概述，高分子链的结构，高分子的聚集态结构，高聚物的屈服、断裂和力学强度，高聚物的高弹性和黏弹性，高聚物的电学性能，高聚物的流变性能，高分子溶液及分子量和分子量分布等。在编写中，重点强调了高分子结构对高分子成型加工工艺条件、配方设计、性能及应用范围等方面的影响。

　　传统教学中，高分子物理课程是必学核心课，但其偏重理论描述和理论分析，内容抽象、难懂；为了让学生易学、易懂这些内容，为后续高分子材料成型工艺的学习奠定良好基础，我们以实际应用的高分子材料作为具体研究对象，对其结构与成型性能、使用性能之间的关系加以探讨，并通过实验测试加以验证，同时避免安排大量理论性、抽象性过强的内容。

　　在选择教学案例时，以高分子加工企业中常用材料的分析为载体，通过对这些典型高分子材料的热性能、力学性能、加工流变性、使用性能等做测试，让学生直接感受这些材料在性能上的差异，引起学生的好奇心，再引导学生探讨造成这些性能差异的原因，学习其结构上的差异，并分析结构对性能的影响，这样的教学内容和方式就比传统模式易懂、有趣、实用，更为符合学生认知习惯和知识水平限制，也更符合企业岗位要求，突出了课程的实用特点和职业特点。

　　本教材由新疆轻工职业技术学院化工分院教师李芸参加项目二的编写，刘星佳参与项目三的编写，陆明军参与项目四的编写，陈晓峰主编负责全书统稿和项目一、五、六的编写，甘争艳主编负责项目七、八的编写，李庆宝审阅并提出了修改意见，新疆轻工职业技术学院领导及多名本专业教师给予了大力支持。编写中的不足之处，敬请读者批评指正。

编　者

2016 年 6 月

目 录
Contents

项目一　高聚物结构与性能关系概述　001

1.1　决定高分子材料性能的因素 …………………………………… 001

1.2　本课程的学习内容 ……………………………………………… 002

项目二　高分子链的结构　003

2.1　学习目标 ………………………………………………………… 003

2.2　工作任务 ………………………………………………………… 003

2.3　高分子链结构层次 ……………………………………………… 004

2.4　高分子链结构 …………………………………………………… 004

2.5　高分子链的近程结构（一级结构） …………………………… 006

2.6　项目实施：聚乙烯结构与性能分析 …………………………… 010

2.7　共聚物的序列结构 ……………………………………………… 011

2.8　高分子链的远程结构（二级结构） …………………………… 012

项目三　高分子的聚集态结构　015

3.1　学习目标 ………………………………………………………… 015

3.2　工作任务 ………………………………………………………… 015

3.3　高分子概述 ……………………………………………………… 016

3.4　分子间作用力 …………………………………………………… 017

3.5　晶态结构和非晶态结构 ………………………………………… 019

3.6　高聚物的结晶过程 ……………………………………………… 022

3.7　项目实施1　为大棚膜生产选择合适的高分子材料 ………… 025

3.8　项目实施2　分析取向对涤纶纤维性能的影响 ……………… 030

3.9　共混物的织态结构 ……………………………………………… 033

项目四　高聚物的屈服、断裂和力学强度　036

4.1　学习目标 ………………………………………………………… 036

4.2　工作任务 ………………………………………………………… 036

4.3　高聚物概述 ……………………………………………………… 037

4.4　项目实施1　测试高聚物的拉伸强度 ………………………… 037

4.5　高聚物的屈服 …………………………………………………… 041

4.6　高聚物的断裂和强度 …………………………………………… 042

4.7　项目实施2　高聚物的冲击强度 ……………………………… 047

项目五　高聚物的高弹性和黏弹性 **052**

5.1　学习目标 052
5.2　工作任务 052
5.3　弹性和黏性 053
5.4　高聚物的黏弹性特征 055

项目六　高聚物的电学性能 **064**

6.1　学习目标 064
6.2　工作任务 064
6.3　聚合物的极化和介电性能 065
6.4　聚合物的导电性能和导电高分子材料 070
6.5　聚合物的静电特性 075

项目七　高聚物的流变性能 **078**

7.1　学习目标 078
7.2　工作任务 078
7.3　牛顿流体和非牛顿流体 079
7.4　任务实施　高聚物流动性能测试 082
7.5　高聚物熔体的弹性表现 088
7.6　高聚物的加工性能 093

项目八　高分子溶液及分子量和分子量分布 **101**

8.1　学习目标 101
8.2　工作任务 101
8.3　高分子溶液概述 102
8.4　高分子材料的溶解和溶胀 102
8.5　聚合物相对分子量、分子量分布及测量方法 ... 109
8.6　任务实施　黏度法测定高聚物的相对分子量 ... 115

参考文献 **118**

项目一
高聚物结构与性能关系概述

高分子与小分子不同，具有强度、模量以及黏弹、疲劳、松弛等力学性能，还具有透光、保温、隔声、电阻等光学、热学、声学、电学等物理性能。由于具有这些性能，高聚物可作为多种材料应用。

1.1 决定高分子材料性能的因素

材料的用途是由其使用性能决定的，而材料的使用性能是由其性质决定的，材料的固有性质则取决于材料的成分、结构等。

由此可见，要获得性能合适的高分子材料制品，必须了解影响高分子材料性能的各种因素。

1.1.1 决定高分子材料性能的内部因素

（1）化学组成

高分子材料都是通过单体聚合而成，不同单体，化学组成不同，性质自然也就不一样，如聚乙烯是由乙烯单体聚合而成、聚丙烯是由丙烯单体聚合而成、聚氯乙烯是由氯乙烯单体聚合而成。由于单体不同，聚合物的性能也就不可能完全相同。

（2）结构

同样的单体化学组成完全相同，但由于合成工艺不同，生成的聚合物结构即链结构或取代基空间取向不同，性能也不同。如聚乙烯中的 HDPE、LDPE 和 LLDPE，它们的化学组成完全一样，由于分子链结构不同，即直链与支链或支链长短不同，其性能也就不同。

（3）聚集态

高分子材料是由许许多多高分子即相同的或不同的分子以不同的方式排列或堆砌而成的聚集体，称为聚集态。同一种组成和相同链结构的聚合物，由于成型加工条件不同，导致其聚集态结构不同，其性能也大不相同。高分子材料最常见的聚集态是结晶态和非结晶态。聚丙烯是典型的结晶态聚合物，加工工艺不同，结晶度会发生变化，结晶度越高，硬度和强度越大，但透明度降低。PP 双向拉伸膜之所以透明性好，主要原因是由于双向拉伸后降低了结晶度，使聚集态发生了变化的结果。

（4）分子量与分子量分布（相对分子质量与相对分子质量分布）

对于高分子材料来说，分子量大小将直接影响力学性能，如聚乙烯虽然都是由乙烯单体聚合而成，分子量不同，力学性能不同，分子量越大其硬度和强度也就越好。如 PE 蜡，相对分子质量一般为 500～5000，几乎无任何力学性能，只能用作分散剂或润滑剂。而超高分子量聚乙烯，其相对分子质量一般为 70 万～120 万，其强度都超过普通的工程塑料。

综上所述，高分子材料的结构决定其性能，对结构的控制和改性，可获得不同特性的高分子材料。

1.1.2　决定高分子材料性能的外部因素

除了高分子的内在结构影响高分子的性能，高分子材料的性能与其加工成型的方法也密切相关。高分子材料的加工成型是决定高分子材料最终结构和性能的重要环节，不是单纯的物理过程，而在成型过程中，聚合物有可能受温度、压强、应力及作用时间等变化的影响，导致高分子降解、交联以及其他化学反应，使聚合物的聚集态结构和化学结构发生变化。例如，吹塑成型的薄膜与流延成型的薄膜，其力学性能相差很大。可见加工过程不仅决定高分子材料制品的外观形状和质量，而且对材料超分子结构和织态结构甚至链结构有重要影响。

因此，要取得高聚物的优良性能，必须采用适当的加工成型方式，使它形成适当的结构。

1.2　本课程的学习内容

1.2.1　了解与材料性能有关的四个方面

宏观表征：表征材料性能的参数，如强度、硬度。
微观本质：材料的性能是材料内部结构因素在一定外界作用下的综合反映。
影响因素：内因（材料结构），外因（温度等）。
性能测试：测试原理、设备、方法。

1.2.2　本课程的主要学习任务

本课程将学习高分子材料结构、宏观性能、分子运动单元以及外界加工条件之间的相互关系，掌握高分子材料在合成、改性、成型加工以及在使用过程中的结构与性能内在关系的变化规律，为获取合适的高分子材料奠定基础。

项目二
高分子链的结构

　　分子内原子之间的几何排列称为分子结构。高分子是由许多小分子单元键合而成的长链状分子。量变引起质变，分子量足够大的长链高分子，结构远比小分子复杂得多。高聚物结构研究的内容包括近程结构、远程结构和聚集态结构。本项目中主要学习高分子的近程结构和远程结构。

2.1 学习目标

　　本项目的学习目标如表 2-1 所示。

表 2-1　高分子链结构的学习目标

序号	类别	目　　标
1	知识目标	(1)了解高分子结构的特点 (2)掌握高分子链的近程结构 (3)掌握高分子链的远程结构 (4)了解高分子链的构象、构型 (5)知道高分子近程结构和远程结构对性能的影响
2	能力目标	(1)能举例说明高分子链近程结构对高分子 T_m、ρ、溶解性、黏度、黏附性的影响 (2)能举例说明高分子链远程结构对高分子链柔性、高弹性的影响 (3)能判断不同分子链间柔顺性的大小
3	素质目标	(1)细心观察、勤于思考的学习态度 (2)主动探索求知的学习精神 (3)理论结合实践的能力

2.2 工作任务

　　本项目的工作任务如表 2-2 所示。

表 2-2　高分子链结构的工作任务

序号	任务内容	要　　求
1	分析不同结构的聚乙烯，其结构与性能之间的关系	(1)掌握高分子链的近程结构 (2)掌握高分子链的远程结构 (3)了解高分子链的构象、构型 (4)知道高分子近程结构和远程结构对性能的影响 (5)了解支化对高聚物性能的影响 (6)能够根据高分子结构特点，分析其 T_m、ρ、溶解性、黏度、黏附性等性能情况

续表

序号	任务内容	要　　求
1	分析不同结构的聚乙烯，其结构与性能之间的关系	（7）对同样组成、结构不同的 LDPE、LLDPE、HDPE 等树脂的密度、熔点、柔性、用途等进行分析和总结 （8）学习如何综合分析高聚物结构与性能的关系，以及主要影响因素
2	聚丙烯结构与性能分析	（1）掌握高分子键接结构对性能的影响 （2）分析无规 PP、间规 PP、等规 PP 的熔融性能、结晶性能、刚性及应用等情况 （3）通过测试聚丙烯的熔点、拉伸强度、抗弯强度等验证聚丙烯结构与性能之间的关系 （4）了解高分子熔点的测试方法 （5）了解高分子力学性能的测试方法 （6）掌握查阅资料，并对资料信息进行分析、利用的能力
3	ABS 共聚物性能分析	（1）了解共聚物的四种类型 （2）了解常见的共聚物及其作用 （3）了解共聚物中各单体性能对共聚物性能的影响 （4）了解共聚的意义 （5）分组讨论，通过分析 ABS 树脂中每种单体的特点，能初步了解三种单体共聚得到的 ABS 树脂的主要性能，通过这个案例，懂得高聚物进行共聚的意义 （6）通过编写一份关于 ABS 树脂的说明书，让学生学习查阅和整理、利用资料的能力，以及自主学习的能力

2.3　高分子链结构层次

　　高分子是又许多小分子单元键合而成的长链状分子，分子量足够大的长链高分子，结构远比小分子复杂得多。高聚物结构研究的内容概括在下图中。其中高分子链的近程结构又称一级结构，远程结构又称二级结构，高分子的聚集态结构又称三级或更高级结构。

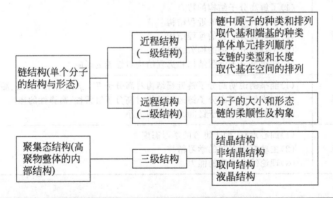

　　聚合物是由许多高分子链聚集而成，其结构分两方面：
　　（1）单个高分子链的结构——决定本体性能；
　　（2）许多高分子链堆砌在一起，即聚集态——决定实际性能。
　　在项目二中，主要学习高分子链的近程结构——一级结构。

2.4　高分子链结构

2.4.1　主链

　　主链是指高分子分子链中连续长度最长的原子序列，规定了主链原子间的键长、键角、键能、取代基的性质与数量等。

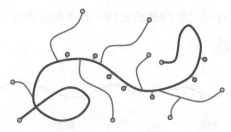

根据主链上的原子的类型，可将高分子分为碳链高分子、杂链高分子及元素高分子三类。

（1）碳链高分子

主链上的原子均为碳原子的高分子，如聚乙烯、聚丙烯、聚氯乙烯等高分子均为碳链高分子。

$$\cdots CH_2-CH_2-CH_2-CH_2-CH_2\cdots$$

聚乙烯

碳链高分子的特点：不溶于水，可塑性（可加工性）但耐热性差。

（2）杂链高分子

主链上的原子均除 C 以外，还含 N、O、S 等原子，如聚乙烯、聚丙烯、聚氯乙烯等高分子均为碳链高分子。

聚甲醛

聚酰胺

杂链高分子的主要特点：具有极性，易水解、醇解，耐热性比较好，强度高，可用作工程塑料。

尼龙

聚甲醛

（3）元素高分子（主链）

主链不含 C 原子的高分子，如聚二甲基硅氧烷。

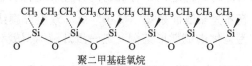

聚二甲基硅氧烷

元素高分子的特点：具有无机物的热稳定性，有机物的弹性和塑性。

2.4.2　分子链的构造

线型　　　　　　　短支化

（1）线型高分子

分子长链可以蜷曲成团。线型的分子间没有化学键结合，在受热或者受力的情况下分子间可以相互移动，因此线型高聚物可以在适当的溶剂中溶解，加热时可以熔融，易于加工成型。

（2）支化高分子

与线形高分子的化学性质相似，但物理力学性能不同，线形分子易于结晶，故密度、熔点、结晶度和硬度方面都高于前者。

支化破坏了分子的规整性，故结晶度大大降低。

支化度越高，支链结构越复杂则对性能的影响越大，例如，无规支化往往降低高聚物薄膜的拉伸度，以无规支化高分子制成的橡胶其抗拉强度及伸长率均比线型分子制成的橡胶差。

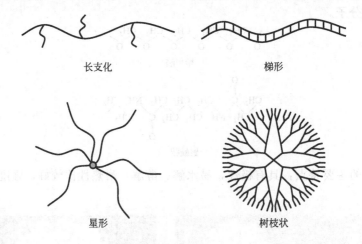

长支化　　　　　　　　梯形

星形　　　　　　　　树枝状

2.5　高分子链的近程结构（一级结构）

2.5.1　结构单元的化学组成

碳链高分子：这类高聚物不易水解，易加工，易燃烧，易老化，耐热性较差。一般用作通用塑料。

杂链高分子：主链带极性，易水解、醇解或酸解。优点：耐热性好，强度高。这类聚合物主要用作工程塑料。

元素高分子：具有无机物的热稳定性、有机物的弹性和塑性。但强度较低。

> 梯形聚合物：分子主链不是单链而是像"梯子"或"双股螺旋线"。如聚丙烯腈纤维加热时，升温过程中环化，芳构化形成梯形结构（进一步升温可得碳纤维），加入高聚物可作为耐高温复合材料。

2.5.2　键接结构

概念：键接结构是指结构单元在高分子链中的联结方式，它也是影响性能的重要因素之一。

（1）单烯类单体（CH_2 =CHR）的键接方式

单烯类单体 CH_2 =CHX 聚合时，单体单元连接方式可有如下三种：

（2）双烯类单体

① 丁二烯聚合键接方式

② 异戊二烯聚合键接方式

（3）案例分析

> **任务**
> 分析无规 PP、间规 PP、等规 PP 的熔融性能、结晶性能、刚性及应用等情况。并通过测试聚丙烯的熔点、拉伸强度、抗弯强度等进行验证。

2.5.3　构型（立体异构）

分子中由化学键所固定的原子在空间的几何排列。要改变构型必须经过化学键的断裂和重组。

（1）几何异构

几何异构：双键上的基团在双键两侧排列方式不同而引起的异构（因为内双键中键是不能旋转的）。

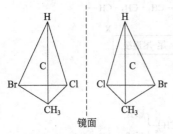

$$\begin{array}{cc} \text{顺式聚丁二烯} & \text{反式聚丁二烯} \end{array}$$

例一：

　　顺式 1,4-聚丁二烯室温下是弹性很好的橡胶，反式 1,4-聚丁二烯，分子链结构规整，容易结晶，室温下弹性差，作为塑料用。

例二：

　　天然橡胶 98% 以上是顺式聚异戊二烯，结晶性及结晶熔点较低，密度小，具有优良的橡胶弹性。而杜仲胶（古塔波胶）为反式聚异戊二烯，结晶性及熔点高，一般用作塑料。

（2）旋光异构

　　若正四面体的中心原子上四个取代基是不对称的（即四个基团不相同）。此原子称为不对称 C 原子（C*），C* 会引起异构现象，其异构体互为镜影对称，各自表现不同的旋光性（图 2-1）。

　　当 C* 处于分子主链上，取代基不同排布将产生不同的立体构型。

　　例如，聚 α-取代烯烃，每个链节上的 C* 有两种互为影像的旋光异构体。根据异构体的连接方式可分为全同立构（等规立构）、间同立构（间规立构）、无规立构（图 2-2）。

图 2-1　两种组成相同的
镜像对称光学异构体

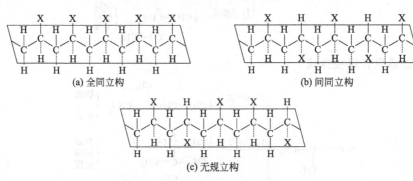

(a) 全同立构　　　　　　　　　(b) 间同立构

(c) 无规立构

图 2-2　乙烯类聚合物分子的三种立体构型

高分子立体构型对性能的影响如下。

① PS

间规 PS：规整度高，能结晶，$T_m = 270℃$，维卡软化点 254℃。

通用 PS：维卡软化点 80℃。

② PP

等规 PP：$T_m = 175℃$，坚韧可纺丝，也可作工程塑料。

无规 PP：性软，无实际用途，作为改性剂。

高分子链的几何形状如下。

① 线型链：分子链为线型

100 个 C 上少于一个支化点，例如 HDPE：定向聚合。

尼龙：双官能单体缩聚。

特点：结构规整、易结晶、强度↗，韧性↗。

② 短支化链：主链上带有侧链

例如，LDPE：100 个 C 上有 3 个以上支化点，支链一般长 2~4 个 C。

特点：结晶度下降，黏度低，易加工。

③ 长支化链

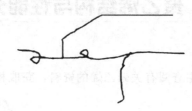

例如，高抗冲 PS（S 上接枝 B），ABS。

特点：结合优势，但流动性差。

④ 星形链

例如，星形丁苯橡胶。

特点：减少端基数，提高稳定性或基团数。

⑤ 梯形链

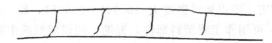

例如，碳纤维。

PAN 纤维高温处理后，

$$\text{（PAN 结构）} \xrightarrow{\triangle} \text{（环化结构）} \xrightarrow{\triangle} \text{（梯形结构）}$$

特点：不易断链，耐高温，强度高。

⑥ 超支化链（树枝形链）

由 Y 形单体聚合而成，外形为球状体积小，黏度低，在药物领域具有较大潜力。

⑦ 网络：交联网状大分子——热固性树脂，橡胶（轻度交联）互穿网络（IPN）

互接网络：硫桥。

半互穿网络（semi-IPN）特点：不溶不熔。

小结

线型、支化、网状分子的性能差别如下。

> 线型分子：可溶，可熔，易于加工，可重复应用，一些合成纤维，"热塑性"塑料（PVC、PS等属此类）。
>
> 支化分子：一般也可溶，但结晶度、密度、强度均比线型差。
>
> 网状分子：不溶，不熔，耐热，耐溶剂等性能好，但加工只能在形成网状结构之前，一旦交联为网状，便无法再加工，"热固性"塑料（酚醛、脲醛属此类）。
>
> 规整网络结构，如全梯型吡隆、碳纤维——高强、耐高温。

2.6　项目实施：聚乙烯结构与性能分析

2.6.1　相关资讯

通过学习下列资料以及自主查阅有关聚乙烯的资料，获取相关信息。

高密度聚乙烯(HDPE)结构

低密度聚乙烯(LDPE)结构

线型低密度聚乙烯(LLDPE)结构

交联聚乙烯结构

几种聚乙烯结构及性能对比情况如下。

（1）LDPE（自由基聚合）

支链多，相对密度小（0.910～0.925），较柔软。用于制食品袋、农用薄膜、层压纸等。

（2）HDPE（配位聚合，Zigler 催化剂）

几乎无支链的线型 PE，所以相对密度大（0.941～0.965），硬，规整性好，结晶度高，强度、刚性、熔点均高。可用作工程塑料部件，绳缆、注塑成型或中空成型制品（管材、大型贮槽）等。

（3）LLDPE（配位聚合）

相对密度 0.91～0.94，既有 LDPE 的性能又有 HDPE 的优点，广泛代替使用。抗张、抗撕裂强度较 LDPE 好。可用于薄膜、电缆保护层。

（4）交联 PE（辐射交联）

软化点和强度均大大提高，大多用于电气接头、电缆的绝缘套管等。

> **思考**
>
> 1. 从聚乙烯结构与性能的关系中，你能得出什么结论？
> 2. 以交联聚乙烯为例，查阅资料，试分析橡胶硫化前后性能的改变情况。
> 3. 试分析支化与交联的差异。

2.6.2　项目实施

① 给出几种聚乙烯树脂原料及相应的典型制品，学生观察、判断、思考。

② 学生结合所学聚合物结构知识及聚乙烯相关资讯，初步分析各聚乙烯原料的结构与性能之间的关系，并思考采取何种方法验证。

③ 教师进行相关性能测试，并展示测试结果，学生观察测试方法和测试过程，对测试结果与前面所做的判断进行探讨。

④ 学生课后做一份有关聚乙烯树脂种类和性能的相关介绍。

2.7　共聚物的序列结构

查阅资料自学
1. 什么是均聚物？什么是共聚物？
2. 共聚的目的是什么？

2.7.1　相关资讯

共聚物是由两种或两种以上结构单元组成的高分子。以 A，B 表示两种链节，它们的共聚物序列可以分为无规共聚型、交替共聚型、接枝共聚型和嵌段共聚型四种。

（1）无规共聚

两种单体单元无规则地排列

ABAABABBAAABABBAAA

[例1] PE、PP 是塑料，但乙烯与丙烯无规共聚的产物为橡胶。

[例2] PTFE（聚四氟乙烯）是塑料，不能熔融加工，但四氟乙烯与六氟丙烯共聚物是热塑性的塑料。

（2）交替共聚

两种单体单元交替排列

ABABABABABABA

（3）嵌段共聚

AAAAAABBBBBAAABBBBAAAAA

例如，SBS 树脂（牛筋底）是苯乙烯与丁二烯的嵌段共聚物——热塑性弹性体，分子链中段是 PB（顺式），两端是 PS（S 为物理交联点，PB 连续相，PS 分散相）。

（4）接枝共聚

2.7.2　常见共聚物举例

① 丁二烯和丙烯进行交替共聚，可以得到丁丙胶。

② 常用的工程塑料 ABS 树脂大多数是由丙烯腈、丁二烯、苯乙烯组成的三元接枝共聚物。耐化学腐蚀、强度好、弹性好、加工流动性好。

③ 热塑性弹性体 SBS 树脂：用阴离子聚合法制得的苯乙烯与丁二烯的嵌段共聚物。橡胶相 PB 连续相，PS 分散相，起物理应联作用。

④ HIPS：少量聚丁二烯接枝到 PS 上"海岛结构"。

橡胶相 PB 连续相，PS 分散相，起物理应联作用。

2.7.3　案例分析

① 分组讨论：ABS 树脂的每种单体各有何特点？三种单体共聚得到的 ABS 树脂有什么特点？主要用于什么场合？通过这个案例，能否简单说明高聚物进行共聚的意义何在？

② 试着编写一份关于 ABS 树脂的说明书。

> ABS 树脂是丙烯腈、丁二烯和苯乙烯的三元共聚物，共聚方式上是无规与接枝共聚相结合。
>
> ABS 可以是以丁苯橡胶为主链，将苯乙烯和丙烯腈接在支链上；也可以以丁腈橡胶为主链，将苯乙烯接在支链上；也可以以苯乙烯-丙烯腈为主链，将丁二烯和丙烯腈接在支链上。
>
> ABS 兼有三种组分的特性：丙烯腈有 CN 基，使聚合物耐化学腐蚀，提高抗张强度和硬度；丁二烯使聚合物呈现橡胶态韧性，提高抗冲性能；苯乙烯的高温流动性好，便于加工成型，而且可以改善制品光洁度。

2.8　高分子链的远程结构（二级结构）

2.8.1　构象

由于单键内旋转而产生的分子在空间的不同形态。

> 构象是由分子内热运动引起的物理现象，是不断改变的，具有统计性质。
>
> 因此讲高分子链取某种构象是指的是它取这种构象的概率最大。

高分子链的内旋转不是完全自由的。

某一单键的内旋转受到相邻基团的阻碍程度可用旋转位垒数值来估计。

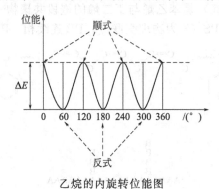

乙烷的内旋转位能图

2.8.2　高分子链的柔顺性

高分子链的单键内旋转使大分子链会卷曲成各种不同形状，对外力有很大的适应性，这种特性称为大分子链的柔顺性，对高聚物的弹性和塑性等有重要影响（图 2-3）。

（1）高分子的柔性和弹性产生的原因

高分子链的大长径比——卷曲的倾向。

例如，聚异丁烯大分子 $L = 2.5 \times 10^4$ nm，$D = 0.5$nm，长径比为 50000 倍。

原子或原子团围绕单键内旋转。

柔顺性大小与单键内旋转的难易程度有关。

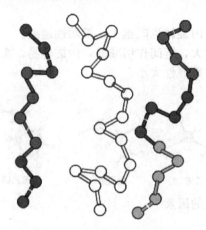

图 2-3　高分子链段旋转与位移示意

高分子链的内旋转主要受其分子结构的制约，因而分子链的柔顺性与其分子结构密切相关。

（2）主链结构对高分子柔顺性的影响

如下图所示，当主链上的碳原子被氮原子、氧原子取代后，高分子的柔顺性也发生变化。

> 通过上述分析，你对主链的柔顺性有了什么样的认识？

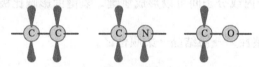

O、N 原子周围的原子比 C 原子少，内旋转的位阻小；而 Si—O—Si 的键角也大于 C—C—C键，因而其内旋转位阻更小，即使在低温下也具有良好的柔顺性。

① 当主链中含非共轭双键时，虽然双键本身不会内旋转，但却使相邻单键的非键合原子间距增大，从而使内旋转较容易，柔顺性好。

> 试判断下列两种分子的柔顺性大小：
> ····CH₂—CH₂—CH₂····　　　····CH₂—CH=CH—CH₂····

② 当主链中由共轭双键组成时，由于共轭双键因 Ⅱ 电子云重叠不能内旋转，因而柔顺性差，是刚性链。因此，在主链中引入不能内旋转的芳环、芳杂环等环状结构，可提高分子链的刚性。

> 试判断下列两种分子的柔顺性大小。
> 聚乙炔：　····CH=CH—CH=CH—CH=CH····
> 聚苯：　─⟨六⟩─⟨六⟩─⟨六⟩─⟨六⟩─

（3）侧基的影响

> 试判断下列三种分子的柔顺性大小
> 聚乙烯：
> 氯化聚乙烯：
> 聚氯乙烯：

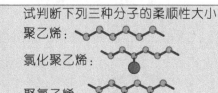

侧基的极性越大，极性基团数目越多，相互作用越强，单键内旋转越困难，分子链柔顺性越差。

非极性侧基的体积越大，内旋转位阻越大，柔顺性越差。

对称的侧基使链间距离增大，链间作用减弱，内旋容易，柔性增加。

试分析下列三种高分子的柔顺性大小：

聚乙烯　　　　　聚丙烯　　　　　聚苯乙烯

（4）其他影响分子柔顺性的因素

① 支化、交联

若支链很长，阻碍链的内旋转占主导作用时，柔顺性下降。

交联程度不大时，对柔顺性影响不大；达到一定程度后，柔顺性大大降低（与链段长度相当）。

② 分子链的长短　一般分子链越长→构象数↗→柔性↗。

③ 分子间作用力　分子间作用力↗→柔顺性↙。

例如，柔性侧基的增大，对称侧基，使高分子柔顺性增加。

如果高分子链的分子内或分子间可以形成氢键，氢键的影响比极性更显著，可大大增加分子链的刚性。

④ 链的规整性　规整性↗→易结晶→柔顺性↙。

⑤ 外界因素

温度 T↗→能量↗→柔性↗。

外力：在外界条件影响下，高分子链从一种构象向另一种构象转变的难易程度称为动态柔顺性。

溶剂：链的柔性与材料的柔性不完全一致，材料的柔性不仅取决于链的柔性，还取决于温度、凝聚态结构。例如，PR、反式 PI，由于结晶而失去柔性。

项目三
高分子的聚集态结构

如果说聚合物的基本性质主要取决于链结构（即一、二级结构），对于实际应用中的高分子材料，其使用性能很大程度上还取决于加工成形过程中形成的聚集态结构（即三级结构）。例如同样的聚对苯二甲酸乙二醇酯，如果从熔融状态下迅速淬火，冷却后得到的制品是透明的，如果缓慢冷却则由于结晶得到不透明体。本项目中学习高聚物的聚集态结构特征、形成条件及其对制品性能的影响等，这些内容是控制产品质量的重要基础。

3.1　学习目标

本项目的学习目标如表 3-1 所示。

表 3-1　高分子的聚集态结构的学习目标

序号	类别	目　标
1	知识目标	(1)掌握高分子链之间的各种排列方式及由此而产生的各种凝聚态结构 (2)了解高聚物分子间的作用方式 (3)掌握高聚物的结晶条件、高聚物的结晶过程 (4)掌握结晶对高聚物性能的影响 (5)掌握高聚物的取向态结构及其对高聚物性能的影响 (6)初步建立凝聚态结构与性能之间关系
2	能力目标	(1)能举例说明高分子链聚集态结构对高分子熔点、强度等性能的影响 (2)能举例说明高分子取向对高分子性能的影响；知道取向的应用 (3)能判断不同高分子结晶能力的大小
3	素质目标	(1)细心观察、勤于思考的学习态度 (2)主动探索求知的学习精神 (3)理论结合实践的能力

3.2　工作任务

本项目的工作任务如表 3-2 所示。

表 3-2　高分子的聚集态结构的工作任务

序号	任务内容	要　求
1	为大棚膜生产选择合适的高分子材料	(1)掌握高分子链之间的各种排列方式及由此而产生的各种凝聚态结构 (2)了解高聚物分子间的作用方式 (3)掌握影响高聚物结晶的因素条件、高聚物的结晶过程 (4)掌握结晶对高聚物性能的影响

续表

序号	任务内容	要　　求
1	为大棚膜生产选择合适的高分子材料	(5)能够根据高分子结构特点,分析其结晶能力,及对 T_m、ρ、力学性能等的影响 (6)了解塑料膜的类型及其制造所用原料 (7)能综合考虑塑料膜用树脂的分子结构、链结构及聚集态结构对膜性能的影响,能分析主要影响因素 (8)掌握塑料大分子的取向与结晶对高分子性能影响,并应用于分析膜用材料的选型 (9)对同样组成、结晶不同的 PE 树脂的密度、熔点、柔性、用途等进行分析和总结,选择合适构型的 PE 用于薄膜生产,并学习如何综合分析高聚物结构与性能的关系
2	拉伸取向对涤纶纤维性能的影响	(1)分析拉伸取向对制品性能的密度、结晶度、拉伸强度、断裂伸长率、T_g 等的影响 (2)学会查阅和整理、组织资料,提高自学能力 (3)了解拉伸取向在实际生产中的意义和应用 (4)试分析在制品成型过程中,在何种成型方法下,制品所受拉伸取向最为显著,由此造成什么影响 (5)编写拉伸取向对涤纶纤维性能影响的分析报告

3.3　高分子概述

分子的聚集态结构是指平衡态时分子与分子之间的几何排列。

3.3.1　小分子的聚集态结构

物质内部的质点（分子、原子、离子）在空间的排列情况可分为以下几种。

近程有序：围绕某一质点的最近邻质点的配置有一定的秩序［邻近质点的数目（配位数）一定；邻近质点的距离一定；邻近质点在空间排列的方式一定］。

远程有序：质点在一定方向上,每隔一定的距离周期性重复出现的规律。

小分子的三个基本相态如下。

晶态：固体物质内部的质点既近程有序,又远程有序（三维）。

液态：物质质点只是近程有序,而远程无序。

气态：分子间的几何排列既近程无序,又远程无序。

小分子的两个过渡态如下。

玻璃态：是过冷的液体,具有一定形状和体积,看起来是固体,但它具有液体的结构,不是远程有序的,因为温度低,分子运动被冻结。分子在某一位置上定居的时间远远大于我们的观察时间,因而觉察不到分子的运动。

液晶态：这是一个过渡态,它是一种排列相当有序的液态。是从各向异性的晶态过渡到各向同性的液体之间的过渡态,它一般由较长的刚性分子形成。

$$F-\!\!\!\!-\!\!\!\!\bigcirc\!\!\!\!-\!\!\!\!-M-\!\!\!\!-\!\!\!\!\bigcirc\!\!\!\!-\!\!\!\!-F$$

F= —R, —OR, —COOR;

M= —N＝N— , —N＝N— , —CH＝CH—
　　　　　　　　 ‖
　　　　　　　　 O

3.3.2　高聚物的聚集态结构

除了没有气态,几乎小分子所有的物态它都存在,只不过要复杂得多（晶态、液态、玻璃态、液晶态等）。

高分子的聚集态结构指的是高聚物材料本体内部高分子链之间的几何排列。

人们对高聚物的聚集态结构很长一段时间内搞不清楚，很长而柔的链分子如何形成规整的晶体结构是很难想象的，特别是这些分子纵向方向长度要比横向方向大许多倍；每个分子的长度又都不一样，形状更是变化多端。所以起初人们认为高聚物是缠结的乱线团构成的系统，像毛线一样，无规整结构可言。

X 射线衍射研究了许多高聚物的微观结构以后发现：许多高聚物虽然宏观上外形不规整，但它确实包含有一定数量的、良好有序的微小晶粒，每个晶粒内部的结构和普通晶体一样，具有三维远程有序，由此证明了它们的确是真正的晶体结构。所以晶体结构是高分子聚集态结构要研究的第一个主要内容。

由于高聚物结构的不均匀性，同一高聚物材料内有晶区，也有非晶区。要研究的第二个内容是非晶态结构。

由于高分子有突出的几何不对称性，取向问题就显得很重要，第三个内容是取向结构。取向和非取向结构的相互排列问题，如果再加上添加剂，就有高聚物与添加剂的相互排列问题——这就是第四个研究内容，即织态结构问题。

所以高聚物的聚集态结构至少要研究四个方面的问题：晶态结构、非晶态结构、取向结构、织态结构。

高分子聚集态结构是直接影响材料性能的因素，经验证明：即使有同样链结构的同一种高聚物，由于加工成型条件不同，制品性能也有很大差别。

例如，缓慢冷却的 PET（涤纶片）是脆性的；迅速冷却，双轴拉伸的 PET（涤纶薄膜）是韧性很好的材料。

在研究影响材料性能的各种因素时，不能忽视的是：尽管一种材料的基本性质取决于它的分子结构，但其本体性质则是由分子的排列状态所控制。如果把物质的成分看作是砖的话，那么决定一座房子的最终性能和特征的是用怎样的方式把砖垒起来。所以，研究高分子聚集态结构特征、形成条件及其对制品性能的影响是控制产品质量和设计材料的重要基础。

3.4 分子间作用力

3.4.1 概述

一个物体的质点究竟采取哪种排列方式，从热力学的观点而言，主要看哪种排列状态最稳定。吉布氏自由能最小最稳定，吉布氏自由能的热力学函数关系为：

$$G = H - TS；H = U + PV$$
$$G = U + PV - TS$$

G 主要取决于 S，S 增大，G 减小。即：原子与分子处于无序时（S 大），体系稳定（G 小），各种低分子的气体、高分子溶液为此类情况。

G 主要取决于 U，U 减小，G 减小。即：U 与原子或分子的相对距离有关，当一原子或分子同另一原子或分子较近时，体系的内能 U 是先下降（这一区间分子主要为吸引力），然后上升（这一区间分子间主要是排斥力），中间经过一最低点，U 最小，体系能量最低（G 最小）。物体中的分子或原子多有按此间距固定下来的趋势，晶体为此类情况。

由于高分子体积庞大，分子结构较不规整，大分子体系黏度又大，不利于质点运动，因此，大分子的结晶除用特殊方法获得的单晶外，一般却不够规整完善，缺陷较多。

3.4.2　分子间作用力的分类

（1）范德华力

静电力：极性分子都有永久偶极，极性分子之间的引力称为静电力。如 PVC、PVA、PMMA 等分子间作用力主要是静电力。

诱导力：极性分子的永久偶极与它在其他分子上引起的诱导偶极之间的相互作用力。

色散力：分子瞬间偶极之间的相互作用力。它存在一切极性和非极性分子中，是范氏力中最普遍的一种。在一般非极性高分子中，它甚至占分子间作用总能量的 $80\% \sim 100\%$。PE、PP、PS 等非极性高聚物中的分子间作用力主要是色散力。

（2）氢键

分子间或分子内均可形成氢键，是极性很强的 X—H 键上的氢原子与另外一个键上的电负性很大的原子 Y 上的孤对电子相互吸引而形成的一种键（ X—H···Y ），有方向性。举例如下。

① 分子间氢键

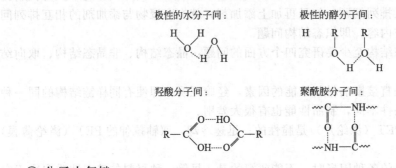

② 分子内氢键

邻羟基苯甲酸：

3.4.3　内聚能密度（CED）

（1）内聚能

内聚能是指一摩尔分子聚集在一起的总能量，等于使同样数量分子分离的总能量。

定义：当我们将一摩尔液体或固体（进行蒸发或升华）分子放到分子间引力范围之外时（彼此不再有相互作用的距离时），这一过程所需要的总能量就是此液体或固体的内聚能。

（2）内聚能密度（CED）

内聚能密度就是单位体积的内聚能（J/cm^3）。

$$CED = \Delta E/V$$

内聚能密度（cohesive energy density，CED）是聚合物分子间作用力的宏观表征。聚合物分子间作用力的大小，是各种吸引力和排斥力所作贡献的综合反映，而高分子分子量又很大，且存在多分散性，因此，不能简单地用某一种作用力来表示，只能用宏观的量来表征高分子链间作用力的大小。

由于聚合物不能汽化，所以不能采用直接方法来测定，而用间接方法。

内聚能密度与高分子状态的关系如下。

CED<290　　　　　橡胶：分子间力较小，分子链较柔顺，易变形，有弹性。

290<CED<400　　　塑料：分子间力居中，分子链刚性较大。

CED>400　　　　　纤维：分子间力大，有较高的强度。

3.5　晶态结构和非晶态结构

3.5.1　基本概念

（1）小分子晶体

当物质内部的质点（原子、分子、离子）在三维空间是周期性的重复排列时，该物质结构为晶体。

晶态高聚物：是由晶粒组成，晶粒内部具有三维远程有序结构，但呈周期性排列的质点不是原子、整个分子或离子，而是结构单元。

（2）空间格子（空间点阵）

把组成晶体的质点抽象成为几何点，由这些等同的几何点的集合所以形成的格子，称为空间格子，也称空间点阵。

点阵结构中，每个几何点代表的是具体内容，称为晶体的结构单元。

所以，晶体结构=空间点阵+结构单元

直线点阵：分布在同一直线上的点阵。

平面点阵：分布在同一平面上的点阵。

空间点阵：分布在三维空间的点阵。

晶

（3）晶胞

在空间格子中划分出与格大小和形状完全一样的平行六面体以代表晶体的结构的基本重复单位。这种三维空间中具有周期性排列的最小单位称为晶胞。

3.5.2　晶态高聚物的结晶结构

大分子排列方式如下。

不管是取平面锯齿形构象还是螺旋构象，它们在结晶中作规整密堆积时，都只能采取使其主链的中心轴相互平行的方式排列。

主链中心轴方向就是晶胞的主轴方向，通常约定为 c 方向。显然，在 c 方向上，原子间以化学键键合，而在空间其他方向上，则只有分子间力，在分子间力的作用下，分子链将相互靠近到链外原子或取代基之间接近范氏力所能吸引的距离。

3.5.3　晶态高聚物的结晶形态

结晶结构（微观）是在十分之几纳米范围内考察的结构。

结晶形态（宏观）：由以上的微观结构而堆砌成的晶体，外形至几十微米，可用电镜观察，也可用光学显微镜。

小分子晶体物质的外形：有规则的多面体（Na：正方单晶，云母：片状单晶）。

（1）晶体的分类

① 单晶：近程和远程有序性贯穿整个晶体。

宏观外形：多面体。

宏观特征：各向异性。

② 孪晶：晶体的远程有序性在某一确定的平面上发生突然转折，而且从这一平面为界的两部分晶体分别有各自的远程有序。

③ 多晶：整个晶体中由许多取向不同的晶粒（微小单晶或孪晶）组成，远程有序只能保持在几百纳米或几十纳米的范围内。

宏观外形：不具有多面体的规则外形（如金属，外观上没有明显的规整性）。

宏观特征：各向同性。

④ 准晶：仍属于晶体范畴，仍然存在点阵结构，但是有畸变的点阵结构，而且只有一定程度的远程有序。

准晶的二维点阵

另外还有球晶、柱晶、伸直链晶、纤维晶等。

（2）结晶形态

由于结晶条件不同，结晶性高聚物可以形成形态不同的宏观或亚微观晶体、单晶、树枝晶、伸直链晶体、纤维状晶体、串晶等。

组成这些晶体的晶片基本上有两类：折叠链晶片和伸直链晶片。

① 从极稀的高聚物溶液<0.01％中缓慢结晶（常压），可获得单晶体。单晶是具有一定薄规则形状的片状晶体。

② 当溶液浓度在0.01％～0.1％的范围内时，可得到枝状晶体，称为树枝晶。实际上是许多单晶片聚集起来的多晶体。

③ 从高聚物浓溶液或熔体中冷却结晶时，倾向生成球晶，这是聚合物结晶中最常见的形式。它是由许多径向发射的长条扭曲晶片组成的多晶体。

形状：圆球状，由微纤束组成，这些微纤束从中心晶核向四周辐射生长。

尺寸：几微米至几毫米。

如果结晶状态非常好，例如PE，有时可观察到PE球晶的图案是一系列消光同心圆，这是因为PE球晶中的晶片是螺旋形扭曲的，即a轴与c轴在与b轴垂直的方向上旋转形成的（c轴是晶体的一光轴）。

④ 高聚物在高温高压下结晶，有可能获得由完全伸展的高分子链平行规整排列的伸直链晶片。

特点：晶片厚度=分子链长度。

目前认为：伸直链晶片是一种热力学上最稳定的高分子晶体。

⑤ 纯折叠链晶片（常压）和纯伸直链晶片（高温，高压）都是极端情况，在一般应力下获得的是既有折叠晶片又有伸直晶片的串晶（图 3-1）。

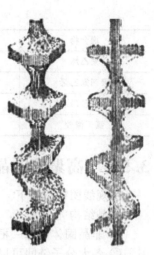

图 3-1　串晶的结构示意

3.5.4　部分结晶高聚物的形态和结晶度

（1）几点结论

① 长而柔顺，结构又复杂的高分子链很难形成十分完善的晶体，即使在严格条件下培养的单晶也有许多晶格缺陷。

② 实际上高聚物的结晶体中总是由晶区和非晶区两部分组成。

晶区：规整排列到晶格中的伸直链晶片或折叠链晶片组成。

非晶区：未排列到晶格中的分子链和链段，折叠晶片中的链弯曲部分，链末端，空洞等。

晶区部分与非晶区部分并不是有着明显的分界线，每个高分子可以同时贯穿几个晶区和非晶区，而在晶区和非晶区两相间的交替部分有着局部有序的过渡状态，即使晶区也存在许多缺陷。

（2）结晶度

结晶度——试样中结晶部分的质量百分数或体积百分数。

① 质量百分数。

$$x_c^w = \frac{m_c}{m_c + m_a} \times 100\%$$

② 体积百分数。

$$x_c^v = \frac{V_c}{V_c + V_a} \times 100\%$$

式中　m——质量；

　　　V——体积；

　　　c——crystalline（结晶）；

　　　a——amorphous（无定形）。

> **注意**
>
> ① 在部分结晶的高聚物中，晶区和非晶区的界限不明确，无法准确测定结晶部分的含量，所以结晶度的概念缺乏明确的物理意义。
>
> ② 结晶度的数值随测定方法的不同而异。

结晶度的测定方法如下。

密度法是最常用、最简单的方法。

原理：分子链在晶区的堆砌密度大，所以晶区密度大，比容小；分子链在非晶区的堆砌密度小，非晶区密度小，比容大。

X 射线衍射法的原理：部分结晶的高聚物中结晶部分和无定形部分对 X 射线衍射强度的贡献不同，利用衍射仪得到衍射强度与衍射角的关系曲线，再将衍射图上的衍射峰分解为结晶和非结晶两部分。

各种聚合物的结晶度范围（室温）　　　　　　　　单位：%

聚合物	结晶度	聚合物	结晶度
聚乙烯	30～90	聚对苯二甲酸乙二醇酯	<80
聚四氟乙烯	<87	尼龙66	30～70
天然橡胶(拉伸)	<50	尼龙6	17～67
氯丁橡胶	12～13	聚乙烯醇	15～54

3.5.5　高聚物非晶结构模型

无规线团模型如下。

非晶结构完全无序，均相无规线团。

① 非晶固体中每一根高分子链都采取无规线团的构象。

② 各大分子链间可以相互贯通，可以相互缠结，但不存在局部有序，所以整个非晶固体是均相的。

③ 中子散射技术已证明链PS在T_g以下的非晶态中有无规线团结构（因为非晶固体中，均方旋转半径与在θ溶剂中测得的数值相同）。

> **小结**
> 聚合物的结晶体的有序性小于低分子结晶体；
> 聚合物非晶态的有序性大于低分子非晶态。

3.6　高聚物的结晶过程

3.6.1　高聚物的结晶过程

大分子结晶过程与小分子有相似处，包括晶核生成和晶粒生长两个阶段。

（1）形成晶核过程

均相成核：源于分子的热运动产生的分子链局部有序排列，因而不是同时出现的。

异相成核：源于杂质或熔融的残存结构或特意加入的成核剂或容器壁作为晶体的生长点，称为"预定核"。

晶核受到两方面的影响（晶核内的分子影响周围分子生长，由于热运动的结果，晶核也可能消失）。

（2）晶粒生长过程

晶核生成以后，分子链便向晶核进一步扩散并作规整堆砌使晶粒生长变大。

在T_m以上，第二种影响占上风，晶核消失比成长要快；在T_m以下，则第一种影响占上风，晶核成长比消失要快。总的结晶速度是成长与消失速度之和。

结晶速度：用某温度下结晶过程进行到一半时所用的时间$t_{1/2}$的倒数来表征该温度下的结晶速度。

高分子链形成晶体的一般过程如下：高分子链（折叠）-链带-（堆砌）-晶片-（生成）-各种多晶（取决于结晶条件）。

3.6.2　影响高分子结晶能力的因素

小分子几乎都可结晶，但高分子却并非都有结晶能力，关键因素是高分子链结构的规整程度。影响高分子材料结晶过程的因素：结构因素和外部环境条件。

（1）高分子结构对结晶能力的影响

① 链的对称性升高，结晶能力升高。

$$\text{PE:} -\!\!\left(\!\!CH_2\!-\!CH_2\!\right)_n \qquad \text{PTFE:} -\!\!\left(\!\!CF_2\!-\!CF_2\!\right)_n$$

对称性高，所以极易结晶（任何苛刻条件均可，例如在液氧中急冷也能结晶），但 PE 氯化得到的结晶能力几乎丧尽，对称性破坏了（注意：无规立构的 PVC 也可一定程度结晶，有人认为 Cl 的电负性使分子链上氯原子相互错开排列，近似于间同立构，所以易结晶）。

对称性取代的烯类高聚物也能结晶：

$$-\!\!\left(\!\!CH_2\!-\!\underset{\underset{Cl}{\displaystyle|}}{\overset{\overset{Cl}{\displaystyle|}}{C}}\!\right)_n \qquad -\!\!\left(\!\!CH_2\!-\!\underset{\underset{CH_3}{\displaystyle|}}{\overset{\overset{CH_3}{\displaystyle|}}{C}}\!\right)_n \qquad -\!\!\left(\!\!O\!-\!\underset{\underset{H}{\displaystyle|}}{\overset{\overset{H}{\displaystyle|}}{C}}\!\right)_n$$

如聚偏二氯乙烯的最高结晶度可达 75%。

另外还有聚酯（polyester）、尼龙（nylon）、聚砜（PSF）等也能结晶。

② 分子链的规整性。链的空间立构规整性上升，结晶能力也提高。单烯类高分子，无规聚丙烯、聚苯乙烯、聚甲基丙烯酸甲酯不结晶。而全同聚丙烯、全同聚苯乙烯等易结晶。等规度越高，结晶能力越强。

有规立构的都可以结晶：全同 PP；全同（间同）PMMA；全同 PS；全顺式；全反式 1,4-聚丁二烯。

无规立构 PP、无规立构 PMMA、无规立构 PS 均为典型的非结晶高聚物（例外的是无规立构的 PVAc 水解的聚乙烯醇可以结晶）。

双烯类高分子，顺式和反式两种异构体均可结晶，但反式等同周期小，易结晶，常温下可结晶，而顺式等同周期长，在低温下才能结晶。

③ 其他结构因素。此外柔性好和分子间作用力强也是提高结晶能力的因素，前者提高了链段向结晶扩散和排列的活动能力，后者使结晶结构稳定，从而利于结晶。

$$\text{PE} > \text{PET} > \text{PC}$$

PE 极易，得不到非晶体；PET 熔体缓慢冷却时结晶，而 PC 则很难结晶。

分子链含大体积取代基，或有支链，或交联，影响分子链柔性的因素，使结晶能力下降。支化越多，结晶下降（因为支化的分子链不规整，难以结晶）；交联越多，结晶也下降（因为交联的分子链不规整，难以结晶）。

分子间作用力大，较难结晶，但一旦开始结晶，结晶结构稳定。典型例子是尼龙（由于强的氢键），结晶困难只有在高的温度下才能结晶，但结构稳定，T_m 高。

④ 共聚结构。共聚物的结晶能力一般比均聚物差，第二单体或第三单体的加入往往破坏分子链结构的对称性和规整性。

分子链的结构还会影响结晶速度，一般分子链结构越简单、对称性越高、取代基空间位阻越小、立体规整性越好，结晶速度越快。

（2）影响结晶过程的外界因素

① 结晶温度。温度对结晶速度影响最大，有时温度相差甚微，但结晶速度常数可相差上千倍。

例如，聚癸二酸癸二酯的结晶温度与结晶速率常数关系见表 3-3。

表 3-3 聚癸二酸癸二酯的结晶温度与结晶速率常数关系

结晶温度 $T/℃$	结晶速率常数 K
72.6	5.51×10^{-19}

续表

结晶温度 $T/℃$	结晶速率常数 K
71.6	$4.31×10^{-16}$
70.7	$4.32×10^{-13}$
66.7	$1.50×10^{-4}$

一个聚合物的结晶敏感温度区域一般处于其熔点 T_m 以上 10℃和 T_g 以上 30℃之间（$T_g+30℃<T<T_m+10℃$）的结晶敏感区域；$T<T_g$，链旋转和移动困难，难以结晶，因此对于每一聚合物而言，它的结晶温度区域决定于 T_m 和 T_g 之差。

对于同一高聚物而言，总是可以找到一个温度，在此温度下，它的总结晶速度最大，高于这个温度或低于这个温度，结晶速度却要降低，这个温度为 T_{Cmax}（最大结晶速率时的温度）。多数聚合物结晶速率最大的温度在 T_m 的 0.65~0.9。

例如，全同 PP

$$T_m=250℃=250+273.2=523.2(K)$$
$$T_{Cmax}/T_m=347.2/523.2=0.66$$

高聚物的结晶速度是晶核生长速度和晶粒生长速度的总和，所以高聚物的结晶速度对温度的依赖性是晶核生长速度对温度依赖性和晶粒生长速度对温度依赖性共同作用的结果。

当熔体温度接近熔点时，温度较高，热运动激烈，晶核不易形成，形成了也不稳定，所以结晶速度小。随着温度下降，晶核形成速度增加，分子链也有相当活性，易排入晶格，所以晶粒形成速度也增加，总的结晶速度也增加。温度再进一步降低时，虽然晶核形成速度继续上升，但熔体黏度变大，分子链活性下降，不易排入晶格，所以晶粒生长下降。当 $T<T_g$ 时，链段不能运动，所以也不能排入晶格，不能结晶，所以用淬火办法得到的是非晶态固体。

举例如下。

PTFE 的 $T_m=327℃$，它的 $T_{Cmax}=300℃$，而在 250℃结晶速度就降到很慢，所以控制温度（或其他条件）来控制结晶速度，防止聚合物在结晶过程中形成大的晶粒是生产透明材料（PE、定向 PP、乙烯丙烯共聚物等薄膜工艺）中要考虑的重要因素。

定向 PP 是容易结晶的聚合物，要得到透明薄膜，要求聚合物结晶颗粒尺寸要小于入射光在介质中的波长，否则颗粒太大，在介质中入射光要散射，导致浑浊，使透明度下降。在生产中，一方面我们加入成核剂，使晶核数目增加，晶粒变小；另一方面可采用将熔化的 PP 急速冷却（淬火）使形成的许多晶核保持在较大的尺寸范围，不再增长，这样就得到了高透明的 PP 制品。

② 应力——影响结晶形态和结晶速度。

a. 影响结晶形态。

熔体在无应力时冷却结晶——球晶。

熔体在有应力时冷却结晶——伸直链晶体、串晶、柱晶。

b. 影响结晶速度。

天然橡胶在常温下不加应力时，几十年才结晶；在常温下，加应力时拉伸条件下，几秒钟就结晶。

③ 杂质

a. 能阻碍结晶。

b. 能加速结晶——这一类起到晶核的作用称为成核剂。成核剂可以大大加速结晶速度，成核剂多，球晶长不大，结晶速度大，结晶度大；成核剂少，结晶速度小，结晶度小。

生产中控制冷却速度来控制制品中球晶的大小，但厚壁制品由于高聚物传热不好，用控冷的办法还不能使制件内外结晶速度一样，因此结构也不均匀，产品质量不好。但加入成核剂后，可获得结构均匀、尺寸稳定的制品。

④ 溶剂。有的溶剂能明显地促进高聚物结晶（例如，水能促进尼龙和聚酯的结晶）。

生产尼龙网丝时，为增加透明度，快速冷却使球晶足够小，用水作冷却剂时解决不了透明度的问题。后来在结构分析中发现尼龙丝的丝芯是透明的（说明冷却速度已经足够了），但丝的表面有一层大球晶，影响了透明度，将水冷改为油冷后问题就解决了，这正说明水促进了表面尼龙的结晶。

3.7 项目实施1 为大棚膜生产选择合适的高分子材料

3.7.1 结晶度对高聚物性能的影响

同一种单体，用不同的聚合方法或不同的成型条件，可以获得结晶或不结晶的高分子材料。

[例1] PP：无规 PP 不能结晶，常温下是黏稠液或弹性体，不能用作塑料；等规 PP 有较高的结晶度，熔点 176℃，具有一定韧性、硬度，是很好的塑料，还可纺丝或纤维。

[例2] PE：LDPE 支化度高，硬度低，可用作塑料；HDPE 支化少，结晶度高，硬度高，可用作塑料；LLDPE（乙烯与 α-烯烃共聚物）接上较规整的支链，密度仍低。

[例3] PVA：由于含 OH，所以遇到热水要溶解（结晶度较低），提高结晶度可以提高它们的耐热性和耐溶剂性。所以将 PVA 在 230℃ 热处理 85min，结晶度 30%→65%，这时耐热性和耐溶剂侵蚀性提高（90℃ 热水也溶解很少）。但是还不能用作衣料，所以采用缩醛化来降低 OH 含量。PVA→等规 PVA，结晶度高不用缩醛化也可用作性能好、耐热水的合成纤维。

[例4] 橡胶：结晶度高则硬化失去弹性；少量结晶会使机械强度较高。

（1）结晶对力学性能的影响

结晶度对高聚物力学性能的影响要看非晶区处于何种状态而定（是玻璃态还是橡胶态）。结晶度增加时，硬度、冲击强度、拉伸强度、伸长率、蠕变、应力松弛等力学性能会发生变化。

（2）结晶对密度和光学性质的影响

① 结晶对密度的影响。结晶度增大，密度增大；统计数据得到：$\rho_c/\rho_a=1.13$

那么从总密度是由晶区和非晶区密度的线性加和假定出发：

$$\rho = x_c^v \rho_c + (1-x_c^v)\rho_a$$

x_c^v 是晶区占的体积百分数，即结晶度：

$$\rho/\rho_a = x_c^v \rho_c/\rho_a + (1-x_c^v) = 1.13x_c^v + 1 - x_c^v = 1 + 0.13x_c^v$$

所以只要测知未知样品的密度，就可以粗略估计样品的结晶度（可查表得到）。

② 结晶对光学性质的影响。物质对光的折射率与物质本身密度有关，晶区非晶区密度不同，因而对光的折射率也不相同。

光线通过结晶高聚物时，在晶区与非晶区面上能直接通过，而发生折射或反射，所以两相并存的结晶高聚物通常呈乳白色，不透明，如尼龙、聚乙烯等。

结晶度减少时，透明度增加。完全非晶的高聚物如无规 PS、PMMA 是透明的。

> **注意**
> 并不是结晶高聚物一定不透明，因为：如果一种高聚物晶相密度与非晶密度非常接近，这时光线在界面上几乎不发生折射和反射。当晶区中晶粒尺寸小到比可见光的波长还要小，这时也不发生折射和反射，仍然是透明的。

如前面讲到的利用淬冷法获得有规 PP 的透明性问题，就是使晶粒很小而办到的，或者加入成核剂也可达到此目的。

③ 结晶对高聚物热性能的影响。对塑料来讲，当结晶度提高到 40% 以上后，晶区相互连接，形成贯穿整个材料的连续相。因此 T_g 以上也不软化，最高使用温度可提高到结晶的熔点（而不是 T_g），可见结晶度升高，塑料耐热性升高。

④ 结晶对高聚物其他性能的影响。结晶中分子规整紧密堆积，能更好地阻挡溶剂渗入，所以结晶度升高，耐溶剂性升高。

3.7.2 结晶高聚物加工条件对性能的影响

加工成型条件的改变，会改变结晶高聚物的结晶度、结晶形态等，因而也影响了性能。下面举三个例子说明。

[例 1] 聚三氟氯乙烯（$T_m = 120℃$）

$$\left[\begin{array}{c} F \\ | \\ C \\ | \\ F \end{array} \begin{array}{c} F \\ | \\ C \\ | \\ Cl \end{array}\right]_n$$

(a) 缓慢结晶，结晶度可达 85%～90%。
(b) 淬火结晶，结晶度可达 35%～40%。

两种结晶方式，冲击强度：(a) ＜ (b)；伸长率：(a) ＜ (b)；密度：(a) ＞ (b)。

这种高聚物由于耐腐蚀性好，常将它涂在化工容器的内表面防腐蚀。为了使这层保护膜的机械强度提高，控制结晶度十分重要，结晶度高，密度也高，刚性好但脆性大。

为了提高韧性，就需要用淬火来降低结晶度，以获得低结晶度的涂层，抗冲击性好。120℃ 是个重要的温度界限，在 120℃ 以下工作时，结晶度低的聚三氟氯乙烯的零件韧性好，不会变脆，因此对韧性要求高的聚三氟氯乙烯零件不能高于 120℃ 以上工作。

[例 2] 对于 PE

作为薄膜时，希望有好的韧性和透明性，所以结晶度宜低。
作为塑料时，希望有好的刚性和抗张强度，所以结晶度宜高。

[例 3] 聚酯

熔化的聚酯从喷丝头出来迅速冷却（淬冷），结晶度低，韧性好，纤维牵伸时倍数就大，分子链取向性好，纤维性能均匀。所以要严格控制纺丝吹风窗的温度。

3.7.3 结晶高聚物的熔点

(1) 结晶高聚物的熔限和熔点

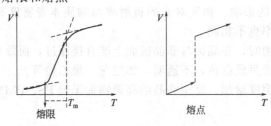

从以上两种曲线可看出高聚物的熔化和低分子熔化的相似点和区别。

相似点：熔化过程都有某种热力学函数的突变。

区别如下。

① 低分子晶体熔点几乎是一个常数 T_m；而结晶高聚物的熔化发生在一个较宽的温度范围内（熔限），把熔限的终点对应的温度叫熔点。

② 低分子晶体在熔化过程中温度不变；结晶高聚物在熔限范围内，边熔化边升温。

研究发现，这并不是本质上的区别。高分子和低分子的熔化都是相变的过程，但是结晶高聚物中含有完善程度不同的晶体，不完善的晶体在较低的温度下熔化，完善的晶体在较高的温度下熔化，因而有一个温度范围。

③ 低分子反复熔化和结晶，熔点是固定的；结晶高聚物的熔点和熔限都受结晶温度的影响：结晶温度低，熔限宽，熔点低；结晶温度高，熔限窄，熔点高。

因为在较低的温度下结晶时，分子链活动能力不强，形成的晶体较不完善，完善的程度也不大，这种不完善的晶体自然在较低温度下被破坏，所以熔点低，熔限也宽；在较高温度下结晶，分子链活动性大，排列好，形成晶体较完善，完善程度差别也小，所以熔点高，熔限窄。

（2）成型加工条件对熔点的影响

较高温度下慢速结晶得到的晶片厚而均匀，不同晶片的厚度差不多，所以熔限窄，熔点高；较低温度下快速结晶得到的晶片薄而不均匀（有多种厚度的晶片同时存在），所以熔限宽，熔点低。

拉伸有利于结晶（所以熔融纺丝总要牵伸），也有利于提高熔点。

（3）高分子链结构与熔点的关系

熔点是结晶塑料使用温度的上限，是高聚物材料耐热性的指标之一：

$$T_m = \Delta H / \Delta S$$

要提高熔点有两条途径：$\Delta H \uparrow$ 和 $\Delta S \downarrow$。

① $\Delta H \uparrow$——增加分子间作用力，使结晶高聚物熔化前后的 ΔH 增加（内聚能 $\Delta E = \Delta H \uparrow - RT$，$\Delta E \uparrow$，$\Delta H \uparrow$）。

基本原则如下。

a. 主链上引入极性基团。

例如，主链上可以引入以下基团：

酰胺
$$\begin{array}{c} O \\ \| \\ -C-NH- \end{array}$$

酰亚胺
$$\begin{array}{c} O \quad\quad O \\ \| \quad\quad \| \\ -C-N-C- \end{array}$$

酰基甲酸酯
$$\begin{array}{c} \\ -O-C-NH- \\ \| \\ O \end{array}$$

脲
$$\begin{array}{c} \\ -NH-C-NH- \\ \| \\ O \end{array}$$

b. 侧链上引入极性基团。

—OH、—NH$_2$、—CN、—NO$_2$、—CF$_3$ 等。含有这些基团的高聚物的熔点都比聚乙烯高。例如，

$$-\!\!\left(CH_2\!-\!CH_2\right)_{\!n}\!\!< -\!\!\left(CH_2\!-\!\underset{\underset{CH_3}{|}}{CH}\right)_{\!n}\!\!< -\!\!\left(CH_2\!-\!\underset{\underset{Cl}{|}}{CH}\right)_{\!n}\!\!< -\!\!\left(CH_2\!-\!\underset{\underset{CN}{|}}{CH}\right)_{\!n}$$

T_m: 137℃ < 176℃ < 227℃ < 317℃

→

取代基极性增大，分子间力增大，T_m 增大

c. 最好使高分子链间形成氢键。

因为氢键使分子间作用力大幅度增加，所以 T_m 大幅度增大。熔点高低与所形成的氢键的强度和密度有关。

$$\left(\!-NH\!-\!\underset{\underset{O}{\|}}{C}\!-\!NH\!-\!\right)_n > \left(\!-NH\!-\!\underset{\underset{O}{\|}}{C}\!-\!\right)_n > \left(\!-NH\!-\!\underset{\underset{O}{\|}}{C}\!-\!O\!-\!\right)_n > \left(\!-CH_2\!-\!CH_2\!-\!\right)_n$$

聚脲　　　　　　　聚酰胺　　　　　　聚氨酯　　　　　PE

氢键密度降低，熔点降低

② 提高熔点的第二条途径：$\Delta S \downarrow$。就是说增加高分子链的刚性，使它在结晶时 $\Delta S \downarrow$，$T_m \uparrow$。

基本原则如下。

a. 主链上引入共轭双键，氢键或环状结构。

b. 侧链上引入庞大而刚性的侧基，用定向聚合方法使侧基规则排列后解结晶。

下面举例说明。

[例1]

$$\left(\!-CH_2\!-\!CH_2\!-\!\right)_n < \left(\!-CH_2\!-\!\!\bigcirc\!\!-\!CH_2\!-\!\right)_n < \left(\!-\!\!\bigcirc\!\!-\!\!\bigcirc\!\!-\!\right)_n$$

PE　　　　　聚对二甲苯撑　　　　　聚苯撑

T_m：　137℃　　　　375℃　　　　　530℃

可见主链上的 $-\!\bigcirc\!-$ 能特别有效地使链变僵硬，使结晶时 ΔS 减小，T_m 增大。

[例2]

—NH(CH₂)₆NHCO(CH₂)₄CO— < —NH(CH₂)₆NHCO—⬡—CO— < —NH—⬡—NHCO—⬡—CO—

尼龙66　　　　　　　　半芳香尼龙　　　　　　　芳香尼龙

T_m：　265℃　　　　　　350℃　　　　　　　430℃

[例3]

—(CH₂)₂—O—CO—(CH₂)₆—CO—O— < —(CH₂)₂—O—CO—⬡—CO—O—

聚辛二酸乙二酯　　　　　　　　　聚对苯二甲酸乙二酯

T_m：　　45℃　　　　　　<<　　　　　265℃

[例4]

$$\left(\!-CH_2\!-\!\underset{\underset{C_6H_{13}}{|}}{CH}\!-\!\right)_n << \left(\!-CH_2\!-\!\underset{\underset{C(CH_3)_3}{|}}{CH}\!-\!\right)_n$$

聚1-辛烯　　　　　　　聚乙烯基叔丁烷

T_m：　−38℃　　　　<<　　　350℃

叔丁基是个大而刚性的单元，位阻很大，使高分子主链僵化，提高 T_m。

[例5]

⬡—COO(CH₂)₂OC—　　　　⬡—COO(CH₂)₂OC—

PET　　　　　　　　　聚间苯-3-甲酸乙二醇酯

T_m：　267℃　　　　　　240℃

原因：对称的缘故，对位基旋转 180°，使构象不变，ΔS 减小，所以 T_m 高；间位基转动后构象改变，ΔS 大，所以 T_m 低。

[例6] 聚四氟乙烯（PTFE） $+CF_2-CF_2+_n$

由于高度对称，结晶能力很强，又由于 F 的电负性很强，F 原子之间斥力大，所以高分子链是刚性的，故 T_m 高，为 327℃。

$T_m > T_d$（分解温度，250℃时开始分解，450℃时明显分解），因此 PTFE 在温度已达到分解温度时，还不能使之流动，所以不能用热塑性塑料的方法进行加工（只能用烧结的办法）。

[例7] 共轭，T_m 高

$$+CH=CH+_n$$

聚乙炔　　　聚苯　　　（共轭）

[例8] 主链上含双键，柔性较好，T_m 较低

$$+CH_2-CH=CH-CH_2+_n$$

顺式（对称性差）不易结晶，是橡胶；反式（对称性好）易结晶。

$$+CH_2-CH=C-CH_2+_n$$
$$\quad\quad\quad CH_3$$

顺式 $T_m=28℃$（天然橡胶）
反式 $T_m=74℃$（不能做橡胶）

3.7.4　项目实施

（1）实施目的

① 能够根据高分子结构特点，分析其结晶能力，及对 T_m、密度、力学性能等的影响。

② 对同样组成，结晶不同的 PE 树脂的密度、熔点、柔性、用途等进行分析和总结，学习如何综合分析高聚物结构与性能的关系以及主要影响因素。

（2）实施方法

① 根据本项目所学内容及表 3-4 所给信息，分组探讨不同结晶度的聚乙烯对密度、熔点、拉伸强度、生长率、冲击强度、硬度等性能的影响，并结合其结晶度情况，分析其分子结构特点，并尝试分析各不同结晶度的聚乙烯其成型加工性能有何差异，其制品应用范围应如何考虑。

② 编写不同聚乙烯结晶度与性能分析的报告。

表 3-4　不同结晶度聚乙烯的性能

项目	指标			
结晶度/%	65	75	85	95
相对密度	0.91	0.93	0.94	0.96
熔点/℃	105	120	125	130
拉伸强度/MPa	1.4	18	25	40
伸长率/%	500	300	100	20
冲击强度/(kJ/m²)	54	27	21	16
硬度	130	230	380	700

3.8　项目实施2　分析取向对涤纶纤维性能的影响

3.8.1　概述

（1）高分子取向

线型高分子充分伸展时，长度与宽度相差极大（几百倍、几千倍、几万倍）。这种因结构上悬殊的不对称性使它们在某些情况下很容易沿某个特定方向占优势平行排列，这种现象就称为取向。无论结晶或非晶高聚物，在外场作用下，特别是拉伸场作用下，均可发生取向（orientation）即分子链、链段或晶粒沿某个方向或两个方向择优排列，使材料性能发生各向异性的变化。

（2）取向态和结晶态（图3-2）

相同：都与高分子有序性相关。

相异：取向态是一维或二维有序，结晶态是三维有序。

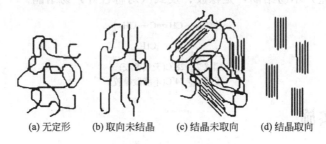

(a) 无定形　　(b) 取向未结晶　　(c) 结晶未取向　　(d) 结晶取向

图 3-2　结晶态与取向态区别示意

（3）取向单元

非晶高聚物——分子链作为单元：分子链沿外力方向平行排列，但链段未必取向（黏流态时）。

链段：链段取向，分子链可能仍然杂乱无章（高弹态）。

结晶高聚物——晶片，晶粒，晶带（晶区）、分子链，链段（非晶区）。

由于熔体结晶时大部分获得球晶，所以拉伸取向实际上是球晶的变形过程。

（4）取向机理

取向过程是分子在外力作用下的有序化过程。外力除去后，分子热运动使分子趋向于无序化，即称为解取向过程。

① 高分子有两种单元：链段和整链。所以高聚物取向有链段取向和分子链取向。

② 取向的过程是在外力作用下运动单元运动的过程。必须克服高聚物内部的黏滞阻力，因而完成取向过程要一定的时间。

③ 链段受到的阻力比分子链受到的阻力小，所以外力作用时，首先是链段的取向，然后是整个分子链的取向。在高弹态下，一般只发生链段的取向，只有在黏流态时才发生大分子链的取向。

④ 取向过程是热力学不平衡态（有序化不是自发的）；解取向过程是热力学平衡态（无序化是自发的）。在高弹态下，拉伸可使链段取向，但外力去除后，链段就自发解取向，恢复原状。在黏流态下，外力可使分子链取向，但外力去除，分子链就自发解取向。

⑤ 为了维持取向状态，获得取向材料，必须在取向后迅速使温度降低到玻璃化温度以下，使分子和链段"冻结"起来，这种"冻结"仍然是热力学非平衡态。只有相对稳定性，

时间长了，温度升高或被溶剂溶胀时，仍然有发生自发的解取向性。

⑥ 取向快，解取向也快，所以链段解取向比分子链解取向先发生。

⑦ 取向结果：各向异性。

3.8.2 取向方式

（1）单轴取向

材料仅沿一个方向拉伸，长度增大，厚度和宽度减小，高分子链或链段倾向沿拉伸方向排列，在取向方向上，原子间以化学键相连。

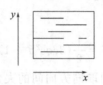

[例1] 合成纤维牵伸是最常见的例子。纺丝时，从喷嘴孔喷出的丝已有一定的取向（分子链取向），再牵伸若干倍，则分子链取向程度进一步提高。

[例2] 薄膜也可单轴取向。目前广泛使用的包扎绳用的全同PP，是单轴拉伸薄膜，拉伸方向十分结实（原子间化学键），y 方向上十分容易撕开（范氏力）。

[例3] 尼龙丝未取向的抗张强度 $700\sim800\text{kg/cm}^2$；尼龙双取向丝的抗拉强度 $4700\sim5700\text{kg/cm}^2$。

（2）双轴取向

材料沿两个相互垂直的方向（x、y）拉伸，面积增大，厚度减小，高分子链或链段倾向于与拉伸平面（x、y 平面）平行排列，在 x、y 平面上分子排列无序，是各向同性的（即在 x、y 平面上各个方向都有原子与原子间的化学键存在）。

原理：生产过程中，使薄膜在其软化点以上，熔点以下的温度范围内急剧进行拉伸，分子产生取向排列，当薄膜急剧冷却时，分子被"冻结"，当薄膜重新加热到被拉伸时的温度，已取向的分子发生解取向，使薄膜产生收缩，取向程度大则收缩率大，取向程度小则收缩率小。

[例1] 薄膜厂应用的双轴拉伸工艺：将熔化挤出的片状在适当的温度下沿相互垂直的两个方向同时拉伸（电影胶片的片基，录音、录像的带基）。

[例2] 吹塑工艺：将熔化的物料挤出成管状，同时压缩空气由管芯吹入，使管状物料迅速胀大，厚度减小而成薄膜（PE，PVC 薄膜）。

性能特点：双轴取向后薄膜不存在薄弱方向，可全面提高强度和耐褶性，而且由于薄膜平面上不存在各向异性，存放时不发生不均匀收缩，这对于作摄影胶片的薄膜材料很重要，不会造成影像失真。

[例3] 外形较简单的塑料制品，利用取向来提高强度：取向（定向）有机玻璃——可作战斗机的透明航罩。未取向的有机玻璃是脆性的，经不起冲击，取向后，强度提高，加工时利用热空气封平板，吹压成穹顶的过程中，使材料发生双轴取向。

[例 4] ABS 生产安全帽，也采用真空成型（先挤出生成管材，再将管材放到模具中吹塑成型）获得制品。各种中空塑料制品（瓶、箱、油桶等）采用吹塑工艺成型，也包含通过取向提高制品强度的原理。

[例 5] PVC 热收缩包装膜（电池外包装用得最多）具有受热而收缩的特点，特点是强度高，透明性好，防水防潮，防污染，绝缘性好，用它作包装材料，不仅可以简化包装工艺，缩小包装体积，而且由于收缩后的透明薄膜裹紧被包物品，能清楚地显示物品色泽和造型，故广泛使用商品包装。

3.8.3　取向度（取向的程度）

（1）取向函数

$$f = \frac{1}{2}(3\cos^2\theta - 1)$$

取向角 θ：材料中分子链主轴方向取向方向间的夹角。

单轴取向：分子链平行于取向方向

$$\bar{\theta} = 0, \quad \cos^2\theta = 1 \Rightarrow f = 1$$

（2）测定取向度的方法

声波传播法，光学双折射法，广义 X 射线衍射，红外二向色性法，偏振荧光法等。

3.8.4　取向研究的应用

纺丝时拉伸使纤维取向度提高后，虽然抗张强度提高，但是由于取向过度，分子排列过于规整，分子间相互作用力太大，分子的弹性却太小了，纤维变得僵硬、脆。为了获得一定的强度和一定的弹性的纤维，可以在成型加工时利用分子链取向和链段取向速度的不同，用慢的取向过程使整个分子链获得良好的取向，以达到高强度，然后再用快的取向过程使链段解取向，使之具有弹性。

工艺：纤维在较高温度下（黏流态）牵伸，因高聚物具有强的流动性，可以获得整链取向，冷却成型后，在很短时间内用热空气和水蒸气很快吹塑一下，使链段解取向收缩（这一过程叫"热处理"）以获取弹性。未经热处理的纤维在受热时就会变形（内衣、汗衫）。表 3-5 所示为拉伸取向对涤纶纤维性能的影响。

3.8.5　项目实施：拉伸取向对涤纶纤维性能的影响

（1）实施目的

学会分析拉伸取向对制品性能的影响，学会查阅和整理、组织资料，提高自学能力。

（2）实施方法

根据本项目所学内容及下表所给资讯，分组探讨完成以下问题：

① 对同样组成，拉伸比不同的涤纶，分析拉伸前后及拉伸程度对涤纶纤维密度、结晶度、拉伸强度、断裂伸长率、T_g 等的影响；

② 体会拉伸取向在实际生产中的意义和应用；

③ 试举出其他几例拉伸取向的例子；

④ 试分析在制品成型过程中，在何种成型方法下，制品所受拉伸取向最为显著，由此造成什么影响；

⑤ 编写拉伸取向对涤纶纤维性能影响的分析报告（表 3-5）。

表 3-5 拉伸取向对涤纶纤维性能的影响

拉伸比	相对密度 （20℃）	结晶度/%	双折射 （20℃）	拉伸强度 /(g/den)	断裂伸长 /%	T_g/℃
1	1.3383	3	0.0068	11.8	450	71
2.77	1.3694	22	0.1061	23.5	55	72
3.08	1.3775	37	0.1126	32.1	39	83
3.56	1.3804	40	0.1288	43.0	27	85
4.09	1.3813	41	0.1368	51.6	11.5	90
4.49	1.3841	43	0.1420	64.5	7.3	89

3.9 共混物的织态结构

3.9.1 高分子共聚物体系的概念

（1）高分子-增塑剂体系（增塑高聚物）

增塑剂能降低加工温度，特别对于加工温度接近于分解温度的高聚物，通过调节增塑剂用量可以获得一系列由软到硬的产品。

从聚集态结构来看，该体系一般可看作是高分子与增塑剂互溶的浓溶液，是均相体系。

（2）高分子-填充剂体系（增强高聚物或复合材料）

碳墨补强橡胶的成功，标志着复合材料的开始。20 世纪 50 年代以后复合材料的领域突飞猛进。60 年代后又出现高级复合材料。以高分子树脂、金属等为基体，加进去玻璃纤维、碳纤维、硼纤维等，获得具有优异性能的复合材料。

这种体系无疑是非均相的。

（3）高分子-高分子体系（共混高聚物）

这个体系与冶金工业的合金很相似，所以又叫高分子合金（polymer alloy）。高分子合金在 20 世纪 60 年代达到高潮，通过物理或化学的方式将已有的高分子材料进行剪裁加工，制成两种或多种高分子的复合体系，这是极为丰富多系的领域。不仅有着丰富的理论，也有丰富的实践内容。（限于时间，只能做摘要的介绍，同学们要是有兴趣也可以找这方面的专著去看）。

共混高聚物的制备方法如下。

① 物理共混：机械共混

溶液共混

乳液共混

② 化学共混：溶液接枝共混

熔融接枝共混

嵌段共混

共聚物的聚集态如下。

均相体系：二组分在分子水平上互相混合。

非均相体系：二组分不能达到分子水平混合，各自成一相，形成非均相体系。

3.9.2　高分子的相容性

低分子的相容性是指两种化合物能否达到分子水平的混合问题：能，就是相容；否则就是不相容。

可用 $\Delta G=\Delta H-T\Delta S<0$ 来判断：如果 $\Delta G<0$ 就能相容。

两种高分子掺和在一起能不能混合？混合的程度如何？这就是高分子的相容性。

高分子相容性的概念与小分子有相似之处，也可用 $\Delta G<0$ 来判断。

但由于高分子-高分子的混合过程一般是吸热的（破坏分子间力），所以 $\Delta H>0$，且高分子-高分子混合时，熵的变化 $\Delta S>0$，但数值很小，所以使 $\Delta G=\Delta H-T\Delta S<0$ 很困难。因此，绝大多数高分子-高分子混合物达不到分子水平的混合，或者说是不相容的，结果形成非均相体系，为二相体系或多相体系。而这正是我们要追求的，如果形成均相，反而得不出我们所希望的特性了。

常用容度参数判断判断相容性好坏。

两种高分子的 δ 值越接近，ΔH 值就越小，所以 ΔG 值就越小，相容性就越好。但这一原则不总是有效，有时要用实践来选择更可靠。

① 把两种高分子分别溶解在相同的溶剂中，再相混合，看混合以后的情况来判断。

② 将混合的溶液浇到模子中，观察得到的薄膜的透明性来判断相容性。

③ 两种高分子直接在辊筒上熔化轧片（或压力机热压成片），根据薄片的光洁度和透明性判断。

3.9.3　非均相高聚物聚集态的特点

（1）热力学上处于准稳定态

既不是热力学的稳定态，又不是不稳定到那么容易发生相分离。

相容性好：混合得好，得到的材料二相分散得小且均匀。正是这种相容性适中的共混高聚物有很大的实用价值。外观上看均匀，但电镜可看到有二相存在，呈微观或亚微观相分离（肉眼看不见分层，甚至光学显微镜也看不到）。

相容性太差时：混合程度很差，或者混不起来，或者混起来也明显有宏观的相分离，出现分层现象，无使用价值。

（2）织态结构

实际上的结构比以上结构要复杂些，也没有如此规则可能有过渡态或几种形态共存。如果其中一个组分能结晶，则结构中又增加晶相、非晶相的织态结构，情况更为复杂。

3.9.4　共混高聚物织态结构对性能影响

上面形态中二端的情况，即一侧是分散相，另一侧是连续相的情况，根据二相"软"、"硬"情况可以分四类。

① 分散相软（橡胶）-连续相硬（塑料）。

例如，橡胶增强塑料（ABS、HIPS）。

② 分散相硬-连续相软。

例如，热塑性弹性体（SBS）。

③ 分散相软-连续相软。

例如，天然橡胶与合成橡胶共混。

④ 分散相硬-连续相硬。

例如，PE 改性 PC。

下面介绍第 1 种共混高聚物。

（1）光学性能

大多数非均相共混高聚物是不透明的。因为二相的密度不同，折射率不同，光线在两相界面上发生折射和反射的结果。

［例 1］ABS 是由连续相 AS（丙烯腈-苯乙烯共聚）塑料（透明）和分散相 SBR（丁苯橡胶）（不透明）接枝共聚，ABS 是不透明的。

［例 2］PMMA 韧性不足，将 MMA 和 S 共混后获得 MBS 塑料，抗冲击强度提高很多但成为不透明的材料。如果严格调节二相各自的共聚组成，使两相的折射率相接近，就可得到透明的 MBS 塑料。

［例 3］SBS 塑性弹性体：分散相（硬）-PS 塑料连续相（软）-PB 橡胶。PS 作为分散相分散在 PB 橡胶连续相中。但由于分散相尺寸很小，不影响光线通过，因而是透明的。

（2）热性能

［例 1］对于有些塑料，为了增加韧性，采用加增塑剂的办法。例如 PVC，由于它的加工温度接近分解温度，只好加增塑剂使它的 T_g 下降。也就是将用增韧的办法使韧性获得，却降低了作为塑料的使用温度。

［例 2］橡胶增强塑料 HIPS，由于在 PS 塑料中加入了橡胶组分，所以抗冲性大大提高（韧性大大提高），但却不降低使用温度（因为形成二相体系，分散相为橡胶，它的存在对于连续相 PS 的 T_g 影响不大）这是共混高聚物的突出优点之一。

（3）力学性能

橡胶增韧塑料的力学性能上最突出的特点是：大幅度提高韧性的同时，不至于过多地牺牲材料的刚性和抗张强度，这是十分可靠的性能。

这就为脆性高聚物（低廉易得的 PS，太脆）开辟了广阔的途径（HIPS）。因为塑料作为连续相起到了保持原有的刚性和抗张性能的作用，而引入的分散相橡胶达到了吸收冲击能量、分散冲击能量的作用。

项目四
高聚物的屈服、断裂和力学强度

高聚物的屈服和强度是高聚物的重要力学性能，为了有效地利用高分子材料，不仅对材料的一些力学指标，如强度、断裂伸长、弹性模量、屈服应力等有具体的了解，而且要深入明白屈服和断裂的物理本质，用什么方法可以控制或限制有害的过程，以便改善材料的强度性质，合理地设计和使用材料。

4.1 学习目标

本项目的学习目标如表 4-1 所示。

表 4-1 高聚物的屈服、断裂和力学强度的学习目标

序号	类别	目 标
1	知识目标	(1)掌握高聚物的力学性能特点 (2)知道高聚物力学性能指标及其含义 (3)掌握影响高聚物力学性能的主要因素 (4)知道提高高聚物力学强度的主要方法 (5)了解聚合物力学行为产生的原因
2	能力目标	(1)能够测试高聚物拉伸力学性能,并进行相关计算 (2)能够测试高聚物的冲击强度并进行相关计算 (3)能够采取适当方法对高分子材料进行增强、增韧 (4)能够初步分析不同聚合物拉伸性能及冲击强度的区别
3	素质目标	(1)细心观察,勤于思考的学习态度 (2)主动探索求知的学习精神 (3)理论结合实践的能力

4.2 工作任务

本项目的工作任务如表 4-2 所示。

表 4-2 高聚物的屈服、断裂和力学强度的工作任务

序号	任务内容	要 求
1	测试高聚物拉伸性能	(1)掌握测试高聚物拉伸强度的基本原理 (2)能根据要求进行试样准备 (3)能够按照操作规范完成样品拉伸性能的测试 (4)能够对测试结果进行分析 (5)结合高分子结构特点,了解聚合物力学行为产生的原因

续表

序号	任务内容	要　　求
2	测试高聚物冲击强度	(1)掌握测试高聚物冲击强度的基本原理 (2)能根据要求进行试样准备 (3)能够按照操作规范完成样品冲击性能的测试 (4)能够对测试结果进行分析 (5)能够结合高分子结构特点,分析影响聚合物冲击性能的原因

4.3　高聚物概述

　　在高分子材料诸多应用中,作为结构材料使用是其最常见、最重要的应用。在许多领域,高分子材料已成为金属、木材、陶瓷、玻璃等的代用品。之所以如此,除去它具有制造加工便利、质轻、耐化学腐蚀等优点外,还因为它具有较高的力学强度和韧性。理论上,根据完全伸直链晶胞参数求得的聚乙烯最高理论强度达 1.9×10^4 MPa,是钢丝的几十倍。实验室中,已经获得高拉伸聚酰胺纤维在液氮中的最高实际强度达 2.3×10^3 MPa。

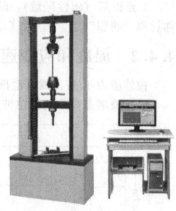

万能拉力试验机

　　为了评价高分子材料使用价值,扬长避短地利用、控制其强度和破坏规律,进而有目的地改善、提高材料性能,需要掌握高分子材料力学强度变化的宏观规律和微观机理。本项目一方面介绍描述高分子材料宏观力学强度的物理量和演化规律;另一方面从分子结构特点探讨影响高分子材料力学强度的因素,为研制性能更佳的材料提供指导。鉴于高分子材料力学状态的复杂性以及力学状态与外部环境条件密切相关,高分子材料的力学强度和破坏形式也必然与材料的使用环境和使用条件有关。

4.4　项目实施1　测试高聚物的拉伸强度

4.4.1　典型的等速拉伸应力-应变曲线

　　研究材料强度和破坏的重要实验手段是测量材料的拉伸应力-应变特性。

　　将材料制成标准试样,以规定的速度均匀拉伸,测量试样上的应力、应变的变化,直到试样破坏。

　　常用的哑铃型标准试样如下图所示,试样中部为测试部分,标距长度为 l_0,初始截面积为 A_0。

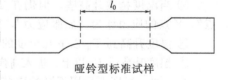

哑铃型标准试样

　　应力(工程应力或名义应力):

$$\sigma = \frac{F}{A_0} \tag{4-1}$$

　　应变(工程应变或名义应变):

$$\varepsilon = \frac{l - l_0}{l_0} = \frac{\Delta l}{l_0} \tag{4-2}$$

　　式中,F 为载荷;A_0 为试样的原始截面积;l_0 为试样的原始标距长度;l 为试样变形后的长度。

注意此处定义的应力 σ 等于拉力除以试样原始截面积 A_0，这种应力称为工程应力或公称应力，并不等于材料所受的真实应力。同样这儿定义的应变为工程应变，属于应变的 Euler 度量。典型高分子材料拉伸应力-应变曲线如图 4-1 所示。

可得到的信息：弹性极限（比例极限）A、杨氏模量 E、弹性极限（弹性极限应力 σ_a、弹性极限应变 ε_a）、屈服点（屈服强度 σ_y、屈服伸长率 ε_y）、断裂点（断裂强度 σ_b、断裂伸长率 ε_b）、断裂功 W。

以 Y 点为界分为二部分。

Y 点以前（弹性区域）：除去应力，材料能恢复原样，不留任何永久变形。这段的斜率即为杨氏模量。

Y 点以后（塑性区域）：除去外力后，材料不再恢复原样，而留有永久塑性变形，我们称材料"屈服"了，Y 点以后总的趋势是载荷几乎不增加但形变却增加很多。

4.4.2　温度和应变速率对应力-应变行为的影响

拉伸应力-应变曲线受温度、拉伸速率、材料特性三者的影响。

（1）玻璃态高聚物的拉伸应力-应变曲线（图 4-2）

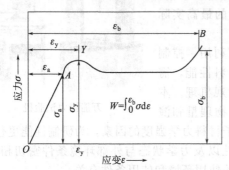

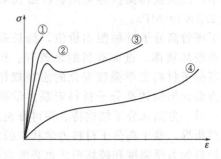

图 4-1　典型的等速拉伸应力-应变曲线
注意：在一定条件下（温度、加载速率）才能实现

图 4-2　玻璃态高聚物在不同温度下的拉伸应力-应变曲线

① 当温度很低时（$T \ll T_g$）。应力-应变成正比增加，应变 $<10\%$ 时脆性断裂。曲线的起始阶段，应力-应变成正比，表现胡克弹性体的行为，根据斜率可计算杨氏模量。移去外力，试样完全回复原状。这种高模量、小形变的弹性行为是由高分子的键长键角变化引起的。

② 当温度稍微升高些，但仍在 T_g 以下。应力-应变曲线上出现转折点 Y，称为"屈服点"，Y 点的应力称为"屈服应力"，Y 点的应变称为"屈服应变"。断裂时总的应变 $<20\%$。

③ 温度升高到 T_g 以下几十度的范围内时。断裂前发生很大的应变（甚至百分之几百）。

④ 温度升高到 T_g 以上，进入高弹态。发展高弹形变，截面积均匀变细，不再出现屈服点。

注：同一温度下采用不同的应变速率，也会表现上面的变化。

（2）结晶高聚物的拉伸应力-应变曲线

如果温度在 $T_g \sim T_m$ 之间，单向拉伸的应力-应变曲线分 3 个阶段。

① 均匀拉长，撤去外力，形变可回复。

② 屈服，某一处或几处颈缩（"细颈"诞生了）。细颈和非细颈部分的截面积分别维持不变，细颈部分持续扩展，非细颈部分逐渐缩短，直到整个试样完全变成细颈为止（图 4-3）。应变可达 $500\% \sim 1000\%$。

③ 成颈后的试样重新均匀拉伸，应力随应变增加，直到断裂。

（3）强迫高弹形变和冷拉

高聚物在屈服后的 2 个选择。

屈服位置（颈缩点）越来越弱，很快在屈服位置断裂。

屈服位置的形状保持不变，临近未屈服的位置继续发生屈服，直到发展到整个试样。

为什么会有第二种情况？这说明在屈服位置发生了"应变硬化"，屈服位置比未屈服位置变强了。应变硬化的内部机理：分子取向、如果能够结晶还会再结晶。

① 强迫高弹形变。

定义：在 $T_b < T < T_g$ 的温度下，玻璃态高聚物在大外力作用下发生的大形变（达到百分之几百），其本质与橡胶的高弹形变一样，通常称为强迫高弹形变。

原因：拉伸力有助于链段运动，缩短了链段运动的松弛时间，相当于降低了 T_g。

链段运动本质上是松弛过程。增加外力可缩短链段运动的松弛时间，松弛时间和外力的关系如下：

$$\tau = \tau_0 \exp\left(\frac{\Delta E - a\sigma}{RT}\right) \tag{4-3}$$

式中，ΔE 为链段运动活化能；a 为材料常数；τ_0 为未加应力时链段运动松弛时间。

T_g 以下可认为松弛时间无限大，在观察时间尺度内不能观察到链段运动；可见 σ 越大，τ 越小，即外力降低了链段运动活化能。当 τ 与实验时间尺度（此处为应变速率）相当时，链段运动就表现出来，发生强迫高弹形变。

温度降低（至脆性温度以下），强迫高弹形变需要的外力随着增加，温度降低到一定程度，需要的外力超过了高聚物的断裂强度，就发生脆性断裂。

强迫高弹形变是可回复的。

非晶高聚物：加热到 T_g 以上，形变可基本回复。

结晶高聚物：加热到熔点附近，形变可基本回复。

② 冷拉。

a. 定义。玻璃态和结晶高聚物在适当的温度和拉伸速率下拉伸的时候，试样出现细颈和细颈的扩展，形变达到百分之几百，本质上都是高弹形变，把它们统称为"冷拉"（图4-4）。

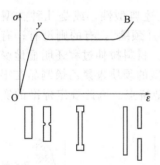

未变形　　变形　　从球晶晶片　由微纤组成
的球晶　　的球晶　　中抽出微纤　的伸直链晶体

图 4-3　结晶态聚合物冷拉　　　　图 4-4　结晶态聚合物冷拉时
　时细颈产生和发展的示意　　　　　　内部结构变化的示意

b. 冷拉的温度。

结晶高聚物：从略低于 T_g 直到 T_m。

非晶态高聚物：T_g 以下几十度内。

c. 冷拉的机理。

非晶高聚物：强迫高弹形变。

结晶高聚物：除了强迫高弹形变，还发生微晶沿着平行于拉伸方向进行重排、重结晶。

d. 加热后形变可回复。

非晶：加热到 T_g 以上；结晶：加热到 T_m 附近。

4.4.3 应力-应变曲线的类型

高聚物的压应力应变曲线类型分为五类，如图 4-6 所示。"软"和"硬"用于区分模量的低或高，"弱"和"强"是指强度的大小，"脆"是指无屈服现象而且断裂伸长很小，"韧"是指其断裂伸长和断裂应力都较高的情况，有时可将断裂功作为"韧型"的标志。

（1）硬而脆型

此类材料弹性模量高（OA 段斜率大）而断裂伸长率很小。在很小应变下，材料尚未出现屈服已经断裂，断裂强度较高。在室温或室温之下，聚苯乙烯、聚甲基丙烯酸甲酯、酚醛树脂等表现出硬而脆的拉伸行为。

（2）硬而强型

此类材料弹性模量高，断裂强度高，断裂伸长率小。通常材料拉伸到屈服点附近就发生破坏（ε_B 大约为 5％）。硬质聚氯乙烯制品属于这种类型。

（3）硬而韧型

此类材料弹性模量、屈服应力及断裂强度都很高，断裂伸长率也很大，应力-应变曲线下的面积很大，说明材料韧性好，是优良的工程材料。硬而韧的材料，在拉伸过程中显示出明显的屈服、冷拉或细颈现象，细颈部分可产生非常大的形变。随着形变的增大，细颈部分向试样两端扩展，直至全部试样测试区都变成细颈。很多工程塑料如聚酰胺、聚碳酸酯以及醋酸纤维素、硝酸纤维素等属于这种材料。

（4）软而韧型

此类材料弹性模量和屈服应力较低，断裂伸长率大（20％～1000％），断裂强度可能较高，应力-应变曲线下的面积大。各种橡胶制品和增塑聚氯乙烯具有这种应力-应变特征。

（5）软而弱型

此类材料弹性模量低，断裂强度低，断裂伸长率也不大。一些聚合物软凝胶和干酪状材料具有这种特性。

实际高分子材料的拉伸行为非常复杂，可能不具备上述典型性，或是几种类型的组合（图 4-5、图 4-6）。例如有的材料拉伸时存在明显的屈服和"颈缩"，有的则没有；有的材料断裂强度高于屈服强度，有的则屈服强度高于断裂强度等。材料拉伸过程还明显地受环境条件（如温度）和测试条件（如拉伸速率）的影响，硬而强型的硬质聚氯乙烯制品在很慢速率下拉伸也会发生大于 100％ 的断裂伸长率，显现出硬而韧型特点。因此规定标准的实验环境温度和标准拉伸速率是很重要的。

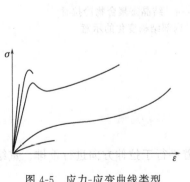

图 4-5 应力-应变曲线类型

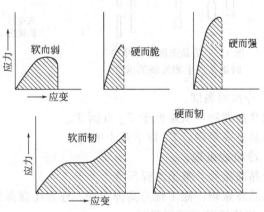

图 4-6 应力-应变曲线类型和脆韧型

4.5 高聚物的屈服

4.5.1 聚合物拉伸时的屈服现象

（1）屈服的产生

屈服是普遍现象，在适合的温度、应变速率条件下都会发生。屈服时应力-应变曲线上出现屈服点。如图 4-7 所示。

屈服的外在表现：外力作用下，某处截面出现颈缩，明显的形变。

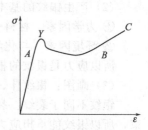

图 4-7 玻璃态聚合物的应力-应变曲线
屈服点：Y

屈服点产生的原因：材料内部的分子间作用力保持着固定的内部结构，当外力作用时，只要没达到一个确定的值，材料内部的分子间作用力及结构都不会变化，但一旦外力超过了这一确定值时，材料内部的分子间作用力及结构就无法再支撑了，开始解体。形成屈服点。

屈服的位置：截面积不均匀，局部截面积较小；内部结构不均匀，某处较弱，局部应力高于平均应力。

剪切带是发生在整个试样尺寸上的屈服，材料为韧性时发生；银纹是试样局部的屈服，脆性材料时发生。

（2）应变软化

在拉伸时，高分子材料在屈服点后，还会出现应变软化现象，如图 4-8 所示。

应变软化产生的原因如下。

① 拉伸时截面积变小，所施加的外力减小；

② 拉伸时由于分子运动的摩擦力所导致的放热，使分子运动方便，所用的应力会减小；

③ 由于 T_g 以下，物理交联点多，拉伸后交联点破坏了许多，到了屈服点这种破坏达到一定程度，致使应力下降。

（3）应变硬化

如图 4-9 所示，图中 BC 段为应变硬化阶段。

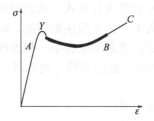

图 4-8 拉伸时的应变软化现象
（加黑部分为应变软化段）

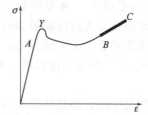

图 4-9 拉伸时的应变硬化
（图中加粗部分为应变硬化段）

应变硬化的形成原因是大量的分子链段不断伸展排列后继续拉伸，导致了整个分子链的取向排列，使材料强度进一步提高，需要更大外力进行拉伸，应力迅速上升，直到断裂。

应变硬化主要由整个大分子的运动所致，形变不可逆，是永久性的。由于它是在强力作用下发生的大分子链的相对滑脱，又称冷流。

4.5.2　银纹化现象

（1）银纹的定义

由于应力和环境原因，往往会在材料表面出现裂纹，肉眼可见，这些裂纹强烈反射光，显示银白色，叫银纹。

（2）产生银纹的基本原因

① 力学因素　材料受到拉伸应力，银纹面垂直于受力方向。

② 环境因素　与化学物质接触，同时材料有内应力。

所以应力是银纹的根本起因。

（3）画图：银纹体、银纹质。

银纹不同于裂纹：裂纹是空的；银纹内部有固体物质，称为银纹质——高度取向的纤维束，所以银纹能承担应力。

（4）银纹有发生、增长、终止的过程

发生：表面缺陷、擦伤处；内部空穴、杂质的边界；应力集中点。

增长：应力作用下，银纹可发展，纤维束可断裂，变成裂纹。

终止：遇到高取向带、颗粒、试样表面。

（5）银纹的作用

银纹形成时吸收能量，属于塑性形变，防止脆性断裂。

银纹可进一步发展成裂纹、破坏。

（6）"应力发白"现象

大量银纹的产生。

4.6　高聚物的断裂和强度

4.6.1　高聚物的宏观断裂方式

（1）脆性断裂和韧性断裂

从材料的承载方式来分，高分子材料的宏观破坏可分为快速断裂、蠕变断裂（静态疲劳）、疲劳断裂（动态疲劳）、磨损断裂及环境应力开裂等多种形式。从断裂的性质来分，高分子材料的宏观断裂可分为脆性断裂和韧性断裂两大类。发生脆性断裂时，断裂表面较光滑或略有粗糙，断裂面垂直于主拉伸方向，试样断裂后，残余形变很小。韧性断裂时，断裂面与主拉伸方向多成45°，断裂表面粗糙，有明显的屈服（塑性变形、流动等）痕迹，形变不能立即恢复。

断裂不是突然发生的，必然从某些微观断裂发展而成。

脆性断裂：不屈服就断裂。

韧性断裂：屈服之后断裂。

判别标准：应力-应变曲线；断裂能量、断裂表面的形态。

脆性断裂：断裂面垂直于主拉伸方向，断裂面光滑，试样无残余形变。

韧性断裂：断面不光滑，有拉出物。试样有较多塑性形变。

（2）脆性-韧性转变及其影响因素

材料发生脆性断裂，可认为是由于屈服强度超过断裂强度。

已知不同的高分子材料本征地具有不同的抗拉伸和抗剪切能力。我们定义材料的最大抗拉伸能力为临界抗拉伸强度 σ_{nc}；最大抗剪切能力为临界抗剪切强度 σ_{tc}。若材料的 $\sigma_{nc} < \sigma_{tc}$，

则在外应力作用下，往往材料的抗拉伸能力首先支持不住，而抗剪切能力尚能坚持，此时材料破坏主要表现为以主链断裂为特征的脆性断裂，断面垂直于拉伸方向（$\theta=0°$），断面光滑。若材料的 $\sigma_{tc}<\sigma_{nc}$，应力作用下材料的抗剪切能力首先破坏，抗拉伸能力尚能坚持，则往往首先发生屈服，分子链段相对滑移，沿剪切方向取向，继之发生的断裂为韧性断裂，断面粗糙，通常与拉伸方向的夹角 $\theta=45°$。

由此，可以根据材料的本征强度对材料的脆、韧性规定一个判据：凡 $\sigma_{nc}<\sigma_{tc}$ 的，发生破坏时首先为脆性断裂的材料为脆性材料；而 $\sigma_{tc}<\sigma_{nc}$ 的，容易发生韧性屈服的材料为韧性材料。表 4-3 给出几种典型高分子材料在室温下 σ_{nc}、σ_{tc} 的值。由表 4-3 可以看出，聚苯乙烯、丙烯腈-苯乙烯共聚物的 $\sigma_{nc}<\sigma_{tc}$，为典型脆性高分子材料；聚碳酸酯、聚醚砜、聚醚醚酮的 σ_{tc} 远小于 σ_{nc}，为典型韧性高分子材料。

表 4-3　几种典型高分子材料在室温下 σ_{nc}、σ_{tc} 的值（$T=23℃$）　　单位：MPa

聚合物	σ_{nc}	σ_{tc}
PS	40	48
SAN	56	73
PMMA	74	49
PVC	67	39
PC	87	40
PES	80	56
PEEK	120	62

另外，高分子材料在外力作用下发生脆性断裂还是韧性屈服，还依赖于实验条件，主要是温度、应变速率和环境压力。从应用观点来看，希望聚合物制品受外力作用时先发生韧性屈服，即在断裂前能吸收大量能量，以阻碍和防止断裂，而脆性断裂则是工程应用中需要尽力避免的。

温度对材料的断裂类型也有影响，在一定应变速率下，脆性断裂应力-温度关系，屈服应力-温度关系，二曲线的交点对应的温度为脆性温度 T_b，T_b 为脆性-韧性转变点，低于此温度，发生脆性断裂；高于此温度，发生韧性断裂。

脆-韧转变的影响因素如下。

① 温度高低、实验速率高低：温度降低、实验速率提高，变脆；温度提高、实验速率降低，变韧。

② 分子量：分子量提高，变韧。

③ 取向：取向方向上变韧。

④ 增塑剂：加入增塑剂变韧。

⑤ 材料形状和内部缺陷：有缺口、内部有空洞、裂纹，则变脆。

（3）断裂过程的理论分析

一般认为，高分子材料的断裂过程为：个别处于高应力集中区的原子键首先断裂，然后出现亚微观裂纹，再发展成材料宏观破裂。也即经历一个从裂纹引发（成核）到裂纹扩展的过程。

在外应力作用下材料发生形变后，微观分子链范围内会引起各种响应，这些响应包括：无规线团分子链沿应力方向展开或取向；半伸展分子链完全伸直，并承受弹性应力；分子间次价键断裂，造成局部分子链段滑移或流动等。由于材料内部存在微晶，或化学交联，或物理缠结等制约结构，有些分子链运动受阻，从而使个别分子链段处于高应力状态。这些处于高度伸直状态的分子链在应力涨落和热运动涨落综合作用下，会首先发生断裂。断裂的结果使应力重新分布，一种可能使应力分布趋于均匀，断裂过程结束；另一种可能使应力分布更加不均匀，分子链断裂过程加速，发展成微裂纹（微空穴）。继续承受应力，微空穴合并，发展成大裂缝或缺陷。待到裂缝扩展到整个试样就发生宏观破裂。由此可见在断裂的全过程中（包括裂纹引发和裂纹扩展），分子链的断裂都起关键作用。

断裂的分子理论认为，材料宏观断裂过程可看成微观上原子键断裂的热活化过程，这个过程与时间有关。设材料从完好状态到断裂所需的时间为材料的承载寿命 τ，承载寿命越长，材料越不易断裂。

4.6.2 影响断裂强度的因素

（1）分子量的影响

分子量是对高分子材料力学性能（包括强度、弹性、韧性）起决定性作用的结构参数。低分子有机化合物一般没有力学强度（多为液体），高分子材料要获得强度，必须具有一定聚合度，使分子间作用力足够大才行。不同聚合物，要求的最小聚合度不同。如分子间有氢键作用的聚酰胺类约为 40 个链节；聚苯乙烯约 80 个链节。超过最小聚合度，随分子量增大，材料强度逐步增大。但当分子量相当大，致使分子间作用力的总和超过了化学键能时，材料强度主要取决于化学键能的大小，这时材料强度不再依赖分子量而变化。另外，分子量分布对材料强度的影响不大。

（2）结晶的影响

结晶对高分子材料力学性能的影响也十分显著，主要影响因素有结晶度、晶粒尺寸和晶体结构。一般影响规律是：随着结晶度上升，材料的屈服强度、断裂强度、硬度、弹性模量均提高，但断裂伸长率和韧性下降。这是由于结晶使分子链排列紧密有序、孔隙率低、分子间作用增强所致。表 4-4 给出聚乙烯的断裂性能与结晶度的关系。

表 4-4　聚乙烯的断裂性能与结晶度的关系

结晶度/%	65	75	85	95
断裂强度/MPa	14.4	18	25	40
断裂伸长率/%	500	300	100	20

晶粒尺寸和晶体结构对材料强度的影响更大。均匀小球晶能使材料的强度、伸长率、模量和韧性得到提高，而大球晶将使断裂伸长和韧性下降。大量的均匀小球晶分布在材料内，起到类似交联点作用，使材料应力-应变曲线由软而弱型转为软而韧型，甚至转为有屈服的硬而韧型。因此改变结晶历史，如采用淬火，或添加成核剂，如在聚丙烯中添加草酸酐作为晶种，都有利于均匀小球晶生成，从而可以提高材料强度和韧性。表 4-5 给出聚丙烯的拉伸性能受球晶尺寸的影响。晶体形态对聚合物拉伸强度的影响规律是：同一聚合物，伸直链晶体的拉伸强度最大，串晶次之，球晶最小。

表 4-5　聚丙烯的拉伸性能与球晶尺寸的关系

球晶尺寸/μm	拉伸强度/MPa	断裂伸长率/%
10	30.0	500
100	22.5	25
200	12.5	25

（3）交联的影响

交联一方面可以提高材料的抗蠕变能力，另一方面也能提高断裂强度。一般认为，对于玻璃态聚合物，交联对脆性强度的影响不大；但对高弹态材料的强度影响很大。

随交联程度提高，橡胶材料的拉伸模量和强度都大大提高，达到极值强度后，又趋于下降；断裂伸长率则连续下降。热固性树脂，由于分子量很低，如果不进行交联，几乎没有强度（液态）。固化以后，分子间形成密集的化学交联，使断裂强度大幅度提高。

（4）取向的影响

加工过程中分子链沿一定方向取向，使材料力学性能产生各向异性，在取向方向得到增强。对于脆性材料，取向使材料在平行于取向方向的强度、模量和伸长率提高，甚至出现脆-韧转变，而在垂直于取向方向的强度和伸长率降低。对于延性、易结晶材料，在平行于取向方向的强度、模量提高，在垂直于取向方向的强度下降，伸长率增大。

（5）温度与形变速率的影响

具体影响效果为：温度对断裂强度影响较小，而对屈服强度影响较大，温度升高，材料屈服强度明显降低。按照时-温等效原则，形变速率对材料屈服强度的影响也较明显。拉伸速率提高，屈服强度上升。当屈服强度大到超过断裂强度时，材料受力后，尚未屈服已先行断裂，呈现脆性断裂特征。因此评价高分子材料的脆、韧性质是有条件的，一个原本在高温下、低拉伸速率时的韧性材料，处于低温或用高速率拉伸时，会呈现脆性破坏。所以就材料增韧改性而言，提高材料的低温韧性是十分重要的。

4.6.3 高分子材料的增强改性

由于高分子材料的实际力学强度、模量比金属、陶瓷低得多，应用受到限制，因而高分子材料的增强改性十分重要。改性的基本思想是用填充、混合、复合等方法，将增强材料加入到聚合物基体中，提高材料的力学强度或其他性能。常用的增强材料有粉状填料（零维材料）、纤维（一维材料）、片状填料（二维材料）等。除增强材料本身应具有较高力学强度外，增强材料的均匀分散、取向以及增强材料与聚合物基体的良好界面亲和也是提高增强改性效果的重要措施。

（1）粉状填料增强

粉状填料的增强效果主要取决于填料的种类、尺寸、用量、表面性质以及填料在高分子基材中的分散状况。按性能分粉状填料可分为活性填料和惰性填料两类；按尺寸分有微米级填料、纳米级填料等。由于在高分子材料中加入填料等于加入杂质和缺陷，有引发裂纹和加速破坏的副作用，因此对填料表面进行恰当处理，加强它与高分子基体的亲和性，同时防止填料结团，促进填料均匀分散，始终是粉状填料增强改性中人们关心的焦点。这些除与填料本身性质有关外，改性工艺、条件、设备等也都起重要作用。

炭黑是典型活性填料，尺寸在亚微米级，炭黑增强橡胶是最突出的粉状填料增强聚合物材料的例子，增强效果十分显著。表 4-6 列出几种橡胶用炭黑或白炭黑（二氧化硅）增强改性的效果。可以看出，尤其对非结晶性的丁苯橡胶和丁腈橡胶，经炭黑增强后拉伸强度提高10 倍之多，否则这些橡胶没有多大实用价值。

活性填料的增强效果主要来自其表面活性。炭黑粒子表面带有好几种活性基团（羧基、酚基、醌基等），这些活性基团与橡胶大分子链接触，会发生物理的或化学的吸附。吸附有多条大分子链的炭黑粒子具有均匀分布应力的作用，当其中某一条大分子链受到应力时，可通过炭黑粒子将应力传递到其他分子链上，使应力分散。而且即便发生某一处网链断裂，由于炭黑粒子的"类交联"作用，其他分子链仍能承受应力，不致迅速危及整体，降低发生断裂的可能性而起增强作用。

表 4-6 几种橡胶采用炭黑增强的效果对比

橡胶		拉伸强度/MPa		增强倍数
		纯胶	含炭黑橡胶	
非结晶型	硅橡胶①	0.34	13.7	40
	丁苯橡胶	1.96	19.0	10
	丁腈橡胶	1.96	19.6	10
结晶型	天然橡胶	19.0	31.4	1.6
	氯丁橡胶	14.7	25.0	1.7
	丁基橡胶	17.6	18.6	1.1

① 白炭黑补强。

碳酸钙、滑石粉、陶土以及各种金属或金属氧化物粉末属于惰性填料。对于惰性填料，需要经过化学改性赋予粒子表面一定的活性，才具有增强作用。例如，用表面活性物质如脂肪酸、树脂酸处理，或用钛酸酯、硅烷等偶联剂处理，或在填料粒子表面化学接枝大分子等都有很好的效果。惰性填料除增强作用外，还能赋予高分子材料其他特殊性能和功能，如导电性、润滑性、高刚性等，提高材料的性价比。

（2）纤维增强

纤维增强塑料是利用纤维的高强度、高模量、尺寸稳定性和树脂的低密度、强韧性设计制备的一种复合材料。两者取长补短，复合的同时既克服了纤维的脆性，也提高了树脂基体的强度、刚性、耐蠕变和耐热性。

常用的纤维材料有玻璃纤维、碳纤维、硼纤维、天然纤维等。基体材料有热固性树脂，如环氧树脂、不饱和聚酯树脂、酚醛树脂；也有热塑性树脂，如聚乙烯、聚苯乙烯、聚碳酸酯等。用玻璃纤维或其他织物与环氧树脂、不饱和聚酯等复合制备的玻璃钢材料是一种力学性能很好的高强轻质材料，其比强度、比模量不仅超过钢材，也超过其他许多材料，成为航空航天技术中的重要材料。表 4-7 给出用玻璃纤维增强热塑性塑料的性能数据，可以看到，增强后复合材料的性能均超过纯塑料性能，特别是拉伸强度、弹性模量得到大幅度提高。

纤维增强塑料的机理是依靠两者复合作用。纤维具有高强度可以承受高应力，树脂基体容易发生黏弹变形和塑性流动，它们与纤维黏结在一起可以传递应力。材料受力时，首先由纤维承受应力，个别纤维即使发生断裂，由于树脂的黏结作用和塑性流动，断纤维被拉开的趋势得到抑制，断纤维仍能承受应力。树脂与纤维的黏结还具有抑制裂纹传播的效用。材料受力引发裂纹时，软基体依靠切变作用能使裂纹不沿垂直应力的方向发展，而发生偏斜，使断裂功有很大一部分消耗于反抗基体对纤维的黏着力，阻止裂纹传播。由此可见，纤维增强塑料时，纤维与树脂基体界面黏合性的好坏是复合的关键。对于与树脂亲和性较差的纤维，如玻璃纤维，使用前应采用化学或物理方法对表面改性，提高其与基体的黏合力。基于上述机理也可得知，在基体中，即使纤维都已断裂，或者直接在基体中加入经过表面处理的短纤维，只要纤维具有一定的长径比，使复合作用有效，仍可以达到增强效果。实际上短纤维增强塑料、橡胶的技术都有很好的发展，部分已应用于生产实践。按复合作用原理，短纤维的临界长度 L_c 可按式（4-4）计算：

$$L_c = d \times \frac{\sigma_{f,y}}{2\tau_{m,y}} \tag{4-4}$$

式中，$\sigma_{f,y}$ 为纤维的拉伸屈服应力；$\tau_{m,y}$ 为基体的剪切屈服应力；d 为纤维直径。

表 4-7　玻璃纤维增强的某些热塑性塑料的性能①

材　料	拉伸强度 /10^5Pa	伸长率 /%	冲击强度 （缺口）/(J/m)	弹性模量 /10^9Pa	热变形温度 (1.86MPa)/K
聚乙烯（未增强）	225	60	78.5	0.78	321
聚乙烯（增强）	755	3.8	236	6.19	399
聚苯乙烯（未增强）	579	2.0	15.7	2.75	358
聚苯乙烯（增强）	960	1.1	131	8.34	377
聚碳酸酯（未增强）	618	60～166	628	2.16	405～471
聚碳酸酯（增强）	1370	1.7	196～470	11.7	420～422
尼龙 66（未增强）	686	60	54	2.75	339～359
尼龙 66（增强）	2060	2.2	199	5.98～12.55	＞473
聚甲醛（未增强）	686	60	74.5	2.75	383
聚甲醛（增强）	824	1.5	42	5.59	441

① 均含玻璃纤维 20%～40%。

4.7　项目实施 2　高聚物的冲击强度

4.7.1　高聚物冲击强度的测试

冲击强度：衡量材料韧性的指标，表征材料抵抗冲击载荷破坏的能力。定义为试样受冲击载荷而折断时单位截面积所吸收的能量。

冲击实验：测定材料抗冲击强度的实验方法有：高速拉伸试验；落锤式冲击试验；摆锤式冲击试验。经常使用的是摆锤式冲击试验，根据试样夹持方式的不同，又分为悬臂梁式冲击试验机（Izod）和简支梁式冲击试验机。

采用简支梁式冲击试验时，将试样放于支架上（有缺口时，缺口背向冲锤），释放事先架起的冲锤，让其自由下落，打断试样，利用冲锤回升的高度，求出冲断试样所消耗的功 A，按下式计算抗冲击强度：

$$I_s = \frac{A}{bd}$$

式中，b 和 d 分别为试样冲击断面的宽和厚，抗冲击强度单位为 kJ/m^2。若实验求算的是单位缺口长度所消耗的能量，单位为 kJ/m。

由式得知，材料拉伸应力-应变曲线下的面积相当于试样拉伸断裂所消耗的能量，也表征材料韧性的大小。它与抗冲击强度不同，但两者密切相关。很显然，断裂强度 σ_b 高和断裂伸长率 ε_b 大的材料韧性也好，抗冲击强度大。不同在于，两种实验的应变速率不同，拉伸速率慢而冲击速率极快；拉伸曲线求得的能量为断裂时材料单位体积所吸收的能量，而冲击实验只关心断裂区表面吸收的能量。

冲击破坏过程虽然很快，但根据破坏原理也可分为三个阶段；一是裂纹引发阶段；二是裂纹扩展阶段；三是断裂阶段。三个阶段中物料吸收能量的能力不同，有些材料如硬质聚氯乙烯，裂纹引发能高而扩展能很低，这种材料无缺口时抗冲强度较高，一旦存在缺口则极容易断裂。裂纹扩展是材料破坏的关键阶段，因此材料增韧改性的关键是提高材料抗裂纹扩展的能力。

4.7.2   影响抗冲击强度的因素

（1）缺口的影响

冲击实验时，有时在试样上预置缺口，有时不加缺口。有缺口试样的抗冲强度远小于无缺口试样，原因在于有缺口试样已存在表观裂纹，冲击破坏吸收的能量主要用于裂纹扩展。另外缺口本身有应力集中效应，缺口附近的高应力使局部材料变形增大，变形速率加快，材料发生韧-脆转变，加速破坏。缺口曲率半径越小，应力集中效应越显著，因此预置缺口必须按标准严格操作。

（2）温度的影响

温度升高，材料抗冲击强度随之增大。对无定形聚合物，当温度升高到玻璃化温度附近或更高时，抗冲击强度急剧增大。对结晶性聚合物，其玻璃化温度以上的抗冲击强度也比玻璃化温度以下的高，这是因为在玻璃化温度附近或更高温度时，链段运动释放，分子运动加剧，使应力集中效应减缓，部分能量会由于材料的力学损耗作用以热的形式逸散。例如：聚丙烯试样的抗冲强度在玻璃化温度附近抗冲强度有较大的增长。

（3）结晶、取向的影响

对聚乙烯、聚丙烯等高结晶度材料，当结晶度为 40%～60% 时，由于材料拉伸时有屈服发生且断裂伸长率高，韧性很好。结晶度再增高，材料变硬变脆，抗冲击韧性反而下降。这是由于结晶使分子间相互作用增强，链段运动能力减弱，受到外来冲击时，材料形变能力减少，因而抗冲击韧性变差。

从结晶形态看，具有均匀小球晶的材料抗冲击韧性好，而大球晶韧性差。球晶尺寸大，球晶内部以及球晶之间的缺陷增多，材料受冲击力时易在薄弱环节破裂。

对取向材料，当冲击力与取向方向平行，冲击强度因取向而提高，若冲击力与取向方向垂直，冲击强度下降。由于实际材料总是在最薄弱处首先破坏，因此取向对材料的抗冲击性能一般是不利的。

（4）共混、共聚、填充的影响

实验发现，采用与橡胶类材料嵌段共聚、接枝共聚或物理共混的方法可以大幅度改善脆性塑料的抗冲击性能，例如丁二烯与苯乙烯共聚得到高抗冲聚苯乙烯，氯化聚乙烯与聚氯乙烯共混得到硬聚氯乙烯韧性体都将基体的抗冲强度提高几倍至几十倍。橡胶增韧塑料已发展为十分成熟的塑料增韧技术，由此开发出一大批新型材料，产生巨大的经济效益。

在热固性树脂及脆性高分子材料中添加纤维状填料，也可以提高基体抗冲击强度。纤维一方面可以承担试片缺口附近的大部分负荷，使应力分散到更大面积上，另一方面还可以吸收部分冲击能，防止裂纹扩展成裂缝。

与此相反，若在聚苯乙烯这样的脆性材料中添加碳酸钙之类的粉状填料，则往往使材料抗冲击性能进一步下降。因为填料相当于基体中的缺陷，填料粒子还有应力集中作用，这些都将加速材料的破坏。近年来人们在某些塑料基体中添加少量经过表面处理的微细无机粒子，发现个别体系中，无机填料也有增韧作用。

4.7.3   高分子材料的增韧改性

橡胶增韧塑料的效果是十分明显的。无论脆性塑料或韧性塑料，添加几份到十几份橡胶弹性体，基体吸收能量的本领会大幅度提高。尤其对脆性塑料，添加橡胶后基体会出现典型的脆-韧转变。关于橡胶增韧塑料的机理，曾有人认为是由于橡胶粒子本身吸收能量，橡胶横跨于裂纹两端，阻止裂纹扩展；也有人认为形变时橡胶粒子收缩，诱使塑料基体玻璃化温度下降。研究表明，形变过程中橡胶粒子吸收的能量很少，约占总吸收能量的10%，大部分能量是被基体连续相吸收的。另外由橡胶收缩引起的玻璃化温度下降仅 10℃ 左右，不足以引起脆性塑料在室温下屈服。

Schmitt 和 Bucknall 等根据橡胶与脆性塑料共混物在低于塑料基体断裂强度的应力作用下，会出现剪切屈服和应力发白现象；又根据剪切屈服是韧性聚合物（如聚碳酸酯）的韧性来源的观点，逐步完善橡胶增韧塑料的经典机理。认为：橡胶粒子能提高脆性塑料的韧性，是因为橡胶粒子分散在基体中，形变时成为应力集中体，能促使周围基体发生脆-韧转变和屈服。屈服的主要形式有：引发大量银纹（应力发白）和形成剪切屈服带，吸收大量变形能，使材料韧性提高。剪切屈服带还能终止银纹，阻碍其发展成破坏性裂缝。

（1）银纹化现象和剪切屈服带

许多聚合物，尤其是玻璃态透明聚合物如聚苯乙烯、有机玻璃、聚碳酸酯等，在存储及使用过程中，由于应力和环境因素的影响，表面往往会出现一些微裂纹。有这些裂纹的平面能强烈反射可见光，形成银色的闪光，故称为银纹，相应的开裂现象称为银纹化现象。

产生银纹的原因有两个：一是力学因素（拉伸应力）；二是环境因素（与某些化学物质相接触）。银纹和裂缝不能混为一谈。裂缝是宏观开裂，内部质量为零；而银纹内部有物质填充着，质量不等于零，该物质称银纹质，是由高度取向的聚合物纤维束构成。银纹具有可逆性，在压应力下或 T_g 以上温度退火处理，银纹会回缩或消失，材料重新恢复光学均一状态。

剪切屈服带是材料内部具有高度剪切应变的薄层，是在应力作用下材料局部产生应变软化形成的。剪切带通常发生在缺陷、裂缝或由应力集中引起的应力不均匀区内，在最大剪应力平面上由于应变软化引起分子链滑动形成。在拉伸实验和压缩实验中都曾经观察到剪切带，而以压缩实验为多。理论上剪切带的方向应与应力方向成 45° 角，由于材料的复杂性，实际夹角往往小于 45°。

银纹和剪切带是高分子材料发生屈服的两种主要形式。银纹是垂直应力作用下发生的屈服，银纹方向多与应力方向垂直；剪切带是剪切应力作用下发生的屈服，方向与应力成 45° 和 135°。无论发生银纹或剪切带，都需要消耗大量能量，从而使材料韧性提高。塑料基体中添加部分橡胶，橡胶作为应力集中体能诱发塑料基体产生银纹或剪切带，使基体屈服，吸收大量能量，达到增韧效果。材料体系不同，发生屈服的形式不同，韧性的表现不同。有时在同一体系中两种屈服形式会同时发生，有时形成竞争。发生银纹时材料内部会形成微空穴（空穴化现象），体积略有胀大；形成剪切屈服时，材料体积不变。

（2）塑料的非弹性体增韧改性及机理

橡胶增韧塑料虽然可以使塑料基体的抗冲击韧性大幅提高，但同时也伴随产生一些问题，主要问题有增韧同时使材料强度下降，刚性变弱，热变形温度跌落及加工流动性变劣等。这些问题因源于弹性增韧剂的本征性质而难以避免，使塑料的增韧、增强改性成为一对不可兼得的矛盾。

由橡胶增韧塑料经典机理得知，增韧过程中体系吸收能量的本领提高，不是因为橡胶类改性剂吸收了很多能量，而是由于在受力时橡胶粒子成为应力集中体，引发塑料基体发生屈服和脆-韧转变，使体系吸收能量的本领提高。这一机理给我们启发，说明增韧的核心关键是如何诱发塑料基体屈服，发生脆-韧转变，无论是添加弹性体或是非弹性体，甚或添加空气（发泡）作为改性剂，只要能达到这个目的都应能实现增韧。

如前所述，高分子材料发生脆-韧转变有两种方式，一是升高环境温度使材料变韧，但拉伸强度受损，材料变得软而韧；一是升高环境压力使材料变韧，同时强度也提高，材料变得强而韧。两种不同的脆-韧转变方式启示我们，增韧改性高分子材料并非一定以牺牲强度为代价，设计恰当的方法有可能同时实现既增韧又增强。

塑料的非弹性体增韧改性就是基于此发展起来的。1984 年日本学者 Kurauchi 和 Ohta

将少量脆性树脂 SAN（丙烯腈-苯乙烯共聚物）添加到韧性聚碳酸酯（PC）基体中，发现 SAN 同时提高了 PC 的拉伸强度、断裂伸长率和吸收能量本领，具有同时既增韧又增强的效果。之后国内外研究者又在若干树脂基体中分别采用刚性有机填料（rigid organic filler，简称 ROF）、刚性无机填料研究非弹性体增韧改性规律，发现塑料的非弹性体增韧改性有一定的普遍意义，但增韧规律与机理不同于经典的弹性体增韧塑料。

表 4-8 给出两种增韧方法的简单比较。由表可见，采用刚性有机填料增韧改性时，要求基体有一定的韧性，易于发生脆-韧转变，不能是典型脆性塑料；增韧剂用量少时效果显著，用量增大效果反而降低；由于基体本身有较好韧性，因此增韧倍率不像弹性体增韧脆性塑料那样大，一般只增韧几倍，但体系的实际韧性和强度都很高。关于增韧机理，一种说法是，刚性有机粒子作为应力集中体，使基体中应力分布状态发生改变，在很强压（拉）应力作用下，脆性有机粒子发生脆-韧转变，与其周围基体一起发生"冷拉"大变形，吸收能量。电镜照片曾观察到 SAN 粒子在 PC 基体中发生 100% 的大变形（SAN 本体的断裂伸长率不到 5%）。作者在研究刚性有机填料增韧改性硬聚氯乙烯韧性体时发现，刚性有机填料一方面有改变基体应力分布状态，发生"冷拉"大变形作用；更重要的是它能促进基体发生脆-韧转变，提高基体发生脆-韧转变的效率，使基体中引发大量"银纹"或"剪切带"。两种增韧机理可以同时在一个体系中存在。

表 4-8　弹性体增韧和非弹性体增韧方法比较

增韧方法	弹性体增韧	非弹性体增韧 （刚性有机填料 ROF）
增韧剂性质 被增韧基体性质	软橡胶类材料，模量低，T_g 低，流动性差 既可以是脆性高分子基体，也可以是韧性高分子基体	硬聚合物材料，模量高，T_g 高，流动性好 要求基体有一定程度韧性，易于发生脆-韧转变
增韧剂用量 两相相容性	一般来说，改性剂用量越多，增韧效果越好 要求增韧剂与基体有良好相容性	在恰当小用量下，改性效果明显；用量偏大，改性效果消失 要求增韧剂与基体有良好相容性
增韧改性效果 增韧机理	可以明显改善脆性基体的韧性，但同时使基体的强度，流动性和耐热变形性受到损失 引发基体形成"银纹"，"空穴化"，或形成"剪切带"，吸收变形能	可以同时改善基体的韧性和强度，达到既增韧又增强的目的，同时不损坏材料的可加工流动性 要求基体的模量小于 ROF 粒子模量，基体泊松比大于粒子泊松比，使 ROF 粒子发生"冷拉变形"，吸收变形能

4.7.4　常用力学指标

（1）硬度

是衡量材料表面承受外界压力能力的一种指标。硬度的大小与材料的抗张强度和弹性模量有关，而硬度试验又不破坏材料、方法简便，因而有时硬度可作为抗张强度和弹性模量的一种近似的估计。

硬度的试验方法有动载法及静载法。

动载法：用弹性回跳法和冲击力把钢球压入试样。

静载法：以一定的硬材料为压头，平稳地加荷将压头压入试样。因压头的形状不同和计算方法不同有布氏、洛氏、邵氏等名称。

布氏硬度是以钢球作为压头，施加一平稳的载荷 P 将钢球压入试样表面（图 4-10），保持一定的时间使材料充分形变，测量压入深度 H，求凹痕的表面积，以单位面积上承受的载荷（kg/mm^2）来表示。

硬度计算如下：

$$H_{\mathrm{B}} = \frac{P}{\pi Dh} = \frac{2P}{\pi D\left[D - (D^2 - d^2)^{0.5}\right]}$$

（2）机械强度

当材料所受的外力超过材料的承受能力时，材料就发生破坏。机械强度是衡量材料抵抗外力破坏的能力，是指在一定条件下材料所能承受的最大应力。根据外力作用方式不同，主要有抗拉、抗弯及抗冲击强度等三种。

① 抗拉强度　衡量材料抵抗拉伸破坏的能力，也称拉伸强度。在规定试验温度、湿度和实验速度下沿标准试样的轴向施加拉伸负荷，直至试样被拉断（图4-11）。试样断裂前所受的最大负荷 P 与试样横截面积之比为抗张强度 σ_{t}：

$$\sigma_{\mathrm{t}} = P/(bd)$$

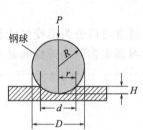

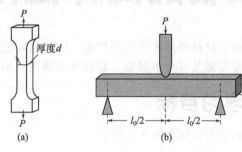

图 4-10　布氏硬度测量示意　　　　图 4-11　抗张及抗弯强度试验示意图

② 抗弯强度　也称挠曲强度或弯曲强度。抗弯强度的测定是在规定的试验条件下，对标准试样施加一静止弯曲力矩，直至试样断裂（图4-11）。设试验过程中最大的负荷为 P，则抗弯强度 σ_{f} 为：

$$\sigma_{\mathrm{f}} = 1.5PL_0/(bd^2)$$

弯曲模量为：

$$E_{\mathrm{t}} = \Delta PL_0^3/(4bd^3\delta_0)$$

式中，ΔP 和 δ_0 分别为弯曲形变较小时的载荷和挠度。挠度是指着力点的位移。

③ 抗冲击强度　冲击强度也称抗冲强度，定义为试样受冲击负荷时单位截面积所吸收的能量。是衡量材料韧性的一种指标。测定时基本方法与抗弯强度测定相似，但其作用力是运动的（图4-12），不是静止的。

试样断裂时吸收的能量等于断裂时冲击头所做的功 W，因此冲击强度为：

$$\sigma_{\mathrm{i}} = W/(bd)$$

冲击强度的测试方法有摆锤法、落重法及高速拉伸法等，不同的方法常给出不同的冲击强度数值。摆锤式试验机按试样的安放方式可分为简支梁式和悬臂梁式两种。

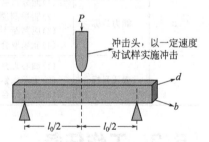

图 4-12　抗冲击强度测定试验示意

项目五
高聚物的高弹性和黏弹性

力学性能是材料最基本的使用性能，固体材料的力学性能通常可以分为形变性能和断裂性能，而形变性能又可分为弹性、黏性和黏弹性；本项目中学习高聚物的高弹性和黏弹性。

5.1 学习目标

本项目的学习目标如表 5-1 所示。

表 5-1　高聚物的高弹性和黏弹性的学习目标

序号	类别	目标
1	知识目标	(1)掌握表征材料力学性能的基本物理量 (2)了解高聚物高弹性的特点 (3)掌握高聚物力学性能的特点 (4)掌握高聚物的黏弹特性 (5)掌握高聚物的蠕变和应力松弛对使用性能的影响 (6)掌握高聚物的力学损耗及其对制品使用性能的影响
2	能力目标	(1)能分析高分子黏弹性产生的原因 (2)能举例说明高分子蠕变对高分子性能的影响 (3)能判断不同高分子蠕变的难易程度 (4)能采取合适方法减少高分子蠕变程度
3	素质目标	(1)细心观察，勤于思考的学习态度 (2)主动探索求知的学习精神 (3)理论结合实践的能力

5.2 工作任务

本项目的工作任务如表 5-2 所示。

表 5-2　高聚物的高弹性和黏弹性的工作任务

序号	任务内容	要求
1	分析不同结构的高分子材料的蠕变性能	(1)掌握高分子结构对材料蠕变性能的影响 (2)了解蠕变的表现形式及其对制品使用的影响 (3)初步掌握防止蠕变的主要方法 (4)了解应力、温度等外界条件对高分子蠕变的影响 (5)编写该材料的使用手册，介绍使用时的注意事项

续表

序号	任务内容	要 求
2	测试橡胶材料的应力松弛	(1)分析应力松弛对制品性能的影响 (2)掌握应力松弛产生的原因 (3)掌握高分子结构特点与应力松弛的关系 (4)学习应力松弛的测试方法 (5)了解减轻高分子材料应力松弛的方法
3	选择合适的材料:作轮胎的橡胶,防震材料,隔音材料和吸音材料	(1)掌握力学损耗的原因 (2)了解力学损耗的危害及有利方面 (3)掌握力学损耗的表现形式 (4)查阅资料,结合高分子材料助剂及配方课程内容,分组探讨增塑、共聚、共混及添加填料对高聚物材料蠕变、力学损耗的影响

5.3 弹性和黏性

5.3.1 弹性

实际材料中存在两种类型的形变:普弹性和高弹性(图5-1～图5-3)。

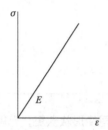

图 5-1 理想弹性体应力与形变关系

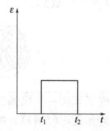

图 5-2 弹性体的形变对时间不存在依赖性

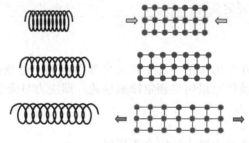

图 5-3 普弹性形变示意

(1)普弹性

普弹性是在大应力作用下产生的小的线性可逆形变;这种弹性是由化学键的键长或键角的变化引起的,与材料的内能改变有关:形变时内能增加,形变恢复时释放能量而对外做功,故普弹性又称为能弹性。

普弹性的应力与变形符合虎克定律:$\sigma = E\varepsilon$。

原子偏离平衡位置储存了应变能。

应变能释放恢复形状,无能量损耗。

(2)高弹性

高弹性是在小应力作用下产生的很大的可逆形变。

　　高弹性是由于材料内部的熵变引起的，也称为熵弹性。橡胶具有这种弹性，橡胶拉伸时，内能几乎不变，而主要引起熵的变化。在外力作用下，橡胶分子链由原来蜷曲无序的状态变为伸直有序状态。熵由大变小，由无序变有序；终态是不稳定体系，当外力除去以后，就会自发地恢复到初态，也就解释了高弹形变为什么是可回复的。

　　高弹性：聚合物（在 T_g 以上）处于高弹态时所表现出的独特的力学性质，又称橡胶弹性。

　　橡胶、塑料、生物高分子在 $T_g \sim T_f$ 间都可表现出一定的高弹性。

　　高弹性的特点如下。

① 形变量大、弹性模量小

可达 1000%，一般在 500% 左右，而普通金属材料的形变量<1%。

金属：$10^4 \sim 10^5$ MPa。

橡胶：$10^{-1} \sim 10$ MPa。

② 弹性模量随温度上升而增大

温度升高，链段运动加剧，回缩力增大，抵抗变形的能力升高。

③ 高弹形变有时间依赖性——力学松弛特性

高弹形变时分子运动需要时间。

④ 形变过程有明显的热效应

橡胶：拉伸——放热。

橡胶形变

> 橡胶弹性的本质——熵弹性。
> 橡胶拉伸形变过程熵减，能量储存为 $T\Delta S$，而自发的熵增可使形状恢复，无能量损耗。
> 橡胶弹性的条件一：分子链长。
> 橡胶弹性的条件二：柔性高。
> 橡胶弹性的条件三：轻度交联。

5.3.2　黏性

　　黏性流动是由于分子在外力作用下发生相对位移引起的，黏流态高聚物属于黏性流体，对理想的黏性流体，其流动性可以用牛顿定律来描述，即应力与应变速率成正比。

牛顿定律：$\sigma = \eta \gamma = \eta \dfrac{d\varepsilon}{dt}$

　　理想黏性流体的形变在外力除去后完全不恢复。

　　试比较弹性与黏性的区别，填充下表：

项目	弹性	黏性
能量		
形变		
应力与应变关系		
模量与时间关系		

5.3.3　黏弹性

　　实际材料还往往表现出黏弹性，即已经变形的材料，在外力去除后，经过弹性恢复，仍保留有随时间而逐渐恢复的滞后形变，滞后形变兼有弹性（可逆形变）和黏性（形变与时间有关）的性质，故称为黏弹性。黏弹性是由于分子间的内摩擦作用使弹性形变的发展和恢复进程受阻而推迟表现的结果。

> 弹-由于物体的弹性作用使之射出去
> 黏-象糨糊或胶水等所具有的、能使一个物质附着在另一个物体上的性质

高分子材料力学性能的最大特点 $\begin{cases} 高弹性：小应力下可逆大形变 \\ 黏弹性：同时具有弹性形变和黏性形变 \end{cases}$

> **思考**
> 从分子运动角度解释聚合物黏弹性的原因？

弹性原因：链段运动。
黏性原因：分子链滑移运动。

5.4 高聚物的黏弹性特征

5.4.1 力学松弛现象

① 理想的弹性固体服从虎克定律 $\sigma = E\varepsilon$ ，受外力后，平衡形变是瞬时达到与时间无关（图 5-4）。

② 理想的黏性液体服从牛顿定律 $\sigma = \eta \dot{r} = \eta \dfrac{\mathrm{d}r}{\mathrm{d}t}$ ，受外力后，形变随时间线型发展。除力后，形变保持（图 5-5）。

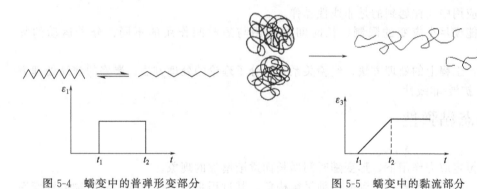

图 5-4　蠕变中的普弹形变部分　　　　图 5-5　蠕变中的黏流部分

③ 高分子材料介于两者之间，是两者的结合，故称为黏弹性。

黏弹性随时间和温度而变化（图 5-6）。

对于高分子来说，存在多种运动单元。因为链段比小分子大得多，内摩擦力也大，因此其分子链从一种构象过渡到另一种构象所需时间很长，具有明显的松弛特性。其力学行为（即黏弹性）强烈地依赖于温度和受力时间（图 5-7）。

> 高分子的力学行为如下。
> 高分子固体的力学行为不服从胡克定律：受力时，形变随时间逐渐发展，弹性模量有时间依赖性，而除去外力后，形变是逐渐回复，且往往残留永久变形（ε∞），说明在弹性变形中有黏流形变发生。
> 高分子液体，除了黏度特别大以外，其流动行为往往不服从牛顿定律，即 η 随剪切速率而变化，高分子液体在流动过程中仍包含有熵弹性形变，即含有可回复的弹性形变。

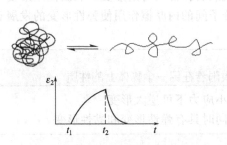

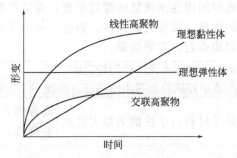

图 5-6　蠕变中的高弹形变部分　　　　　图 5-7　聚合物形变与时间的关系

5.4.2　根据不同的施力方式研究黏弹性

① 静态黏弹（力学性能）

定应力或定应变下的行为（以一定速度缓慢作用）——蠕变、力学松弛。

② 动态黏弹（力学性能）交变应力或冲击下的行为——滞后、内耗。

线性黏弹与非线性黏弹如下。

① 线性黏弹性：弹性和黏性都是理想的。

a. 线性弹性符合虎克定律。

b. 线性黏性符合牛顿定律。

线性黏弹性用这两个定律组合起来描述。

以下分析和讨论的主要是以线性黏弹为基础。

② 非线性黏弹性

但在实际应用中往往遇到的是非线性黏弹。

原因：不能满足小应变的限制；长时间的作用与短时间作用的不同；分子运动的复杂性。

处理方法：工程上的处理方法，经验关系式；分子理论的处理方法；严格的演绎处理方法，线性描写-扩展-非线性。

5.4.3　静态黏弹性

（1）蠕变

在较小的恒定应力作用下，形变随时间增长而逐渐增加的现象。

微观：由一种平衡构象过渡到另一种平衡构象，其过程是连续进行的。高聚物的蠕变性能反映了材料尺寸稳定性（图 5-8）。

（2）从分子运动和分子形态变化的角度分析

蠕变过程包括下面三种形变。

① 普弹形变（键角、键长）$\varepsilon_1 = \dfrac{\sigma}{E_1}$　　E_1：普弹模量

② 高弹形变（链段伸展）$\varepsilon_2 = \dfrac{\sigma}{E_2}(1 - e^{-t/\tau})$

式中，$\tau = \dfrac{\eta_2}{E_2}$，为松弛时间；$E_2$ 为高弹模量；η_2 为链段运动黏度（外力除去，ε_2 逐渐恢复）。

③ 黏性流动（大分子间滑移）$\varepsilon_3 = \dfrac{\sigma}{\eta_3}t$

式中，η_3 为本体黏度。（外力除去，不能恢复，不可逆形变）

④ 综合则为

$$\varepsilon = \varepsilon_1 + \varepsilon_2 + \varepsilon_3 = \frac{\sigma}{E_1} + \frac{\sigma}{E_2}(1 - e^{-t/\tau}) + \frac{\sigma}{\eta_3}t$$

线型聚合物的蠕变过程包括：
① 普弹形变（瞬时弹性形变）；
② 高弹形变（推迟弹性形变）；
③ 黏性流动。

三种形变的相对比例依具体条件不同而不同（图 5-9）。

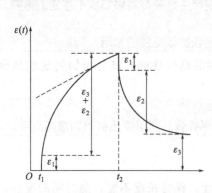

图 5-8　线型高聚物的蠕变曲线

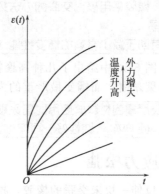

图 5-9　蠕变与温度和外力关系示意

$T < T_g$，τ 很大，ε_2、ε_3 很小，主要是 ε_1。

$T_g < T < T_f$，τ 变小，ε_2 很大；η_3 大，ε_3 小。

$T > T_f$，τ 小，η_3 小，ε_2、ε_3 都大。

⑤ 一般公式

$$D(t) = \frac{\varepsilon(t)}{\sigma} = D_0 + D_\infty \varphi(t) + \frac{t}{\eta}$$

$D = 1/E$（柔量），η 为本体黏度。

蠕变函数：$\varphi(t) = 0$，$t = 0$；

$\qquad\qquad \varphi(t) = 1$，$t = \infty$。

（具体形式由实验确定或理论推出）

（3）影响因素

① 温度和外力

$T \ll T_g$，外力太小，蠕变很小且慢，短时间不易察觉。

$T \gg T_g$，外力太大，形变发展过快，也感觉不出蠕变。

T_g 附近，适当外力，链段可运动，又有较大摩擦，只能缓慢运动，可观察到明显的蠕变现象。

② 主链含芳杂环的刚性高聚物，具有较好抗蠕变性能，而对 PVC，要用支架加固。

③ 交联高聚物：理想的交联高聚物不存在黏流部分。

④ 轻度结晶，微晶起着交联作用，所以蠕变小，但它也随 T 改变，而且在某一温度，由于再结晶，晶面滑移，蠕变也可能较大。

（4）聚合物蠕变的危害性

蠕变降低了聚合物的尺寸稳定性，抗蠕变性能低不能用作工程塑料。

具有良好的抗蠕变性能的聚合物：PC。

思考

高聚物的蠕变性能有没有应用价值呢？

蠕变最严重的聚合物：PTFE，是塑料中摩擦系数最小，自润滑性能好的材料 PTFE 不能直接用作有固定尺寸的材料 PTFE 是优良的不定形材料、密封材料。

（在一定条件下，PTFE 是良好的工程塑料，查阅资料自学。）

如何防止蠕变？
关键：减少链的质心位移。
1. 交联
例如，橡胶采用硫化交联的办法来防止由蠕变产生分子间滑移造成不可逆的形变。
2. 结晶
结晶有助于减小材料的蠕变性能（微晶体可起到类似交联的作用）。

讨论：图 5-10 中给出了几种高聚物在 23℃时的蠕变性能，试分析为何这些高聚物中蠕变最小的为聚苯醚，而蠕变最严重的为尼龙。

蠕变较严重的材料，使用时需采取必要的补救措施。
例如，硬 PVC 抗蚀性好，可作化工管道，但易蠕变，所以使用时必须增加支架。

5.4.4 应力松弛

例如，拉伸一块未交联的橡胶，拉至一定长度，保持长度不变，随时间的增加，内应力慢慢衰减至零。

应力松弛是指使一高弹体迅速产生一形变，此时物体内产生一定的应力，保持这一形变，应力随时间衰减的现象。

（1）应力松弛的本质
① 链段顺着外力方向运动以减少或消除内应力。
② 微观：从一种平衡构象迅速地变为不平衡构象，然后由不平衡构象逐步变成平衡构象。平衡-不平衡-平衡。
③ 易于发生应力松弛的制品，意味着尺寸不稳定或弹力易失。

应力松弛的本质是比较缓慢的链段运动所导致的分子间相对位置的调整（图 5-11）。

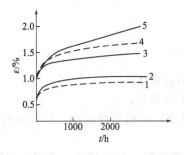

图 5-10　23℃时几种高聚物的蠕变性能
1—聚苯醚；2—PC；3—ABS（耐热）；
4—POM；5—尼龙

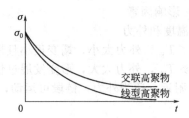

图 5-11　高聚物的应力松弛曲线

思考

交联聚合物和线型聚合物的应力松弛有何不同？

（2）应力松弛模量（图5-12）

$$\sigma = \sigma_\infty + \sigma_0 e^{-t/\tau}$$

σ_∞：平衡态，σ_0：起始应力。

一般公式：$E(t) = E_\infty + E_0 \phi(t)$

应力松弛函数：$\phi(t) = 1,\ t = 0$

$\qquad\qquad\qquad \phi(t) = 0,\ t = \infty$

具体形式由实验或理论推出。

（3）影响因素

① 温度

$T \ll T_g$，内摩擦力很大，应力松弛很慢，短时间不易察觉。

$T \gg T_g$，内摩擦力很小，应力松弛很快，几乎察觉不出。

T_g附近，应力松弛现象比较明显（图5-13）。

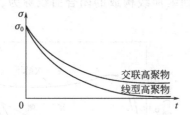

图5-12　高聚物的应力松弛曲线

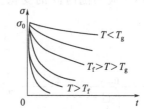

图5-13　不同温度下的应力松弛曲线

应力松弛与蠕变的比较
应力松弛和蠕变是一个问题的两个方面，都反映聚合物内部普弹形变、高弹形变和黏性流动三种运动的情况。 　　蠕变：恒温、恒力，形变随时间而发展。 　　应力松弛：恒温、恒形变，应力随时间而衰减。 　　高分子链的构象重排和分子链滑移是导致材料蠕变和应力松弛的根本原因。

② 交联。分子链不能相对位移，可维持紧张状态，$\sigma_\infty \neq 0$，T_g以上，少量的交联即能大大降低应力松弛或蠕变速率，而未交联的橡胶不能做皮带和轮胎。

③ 化学结构。通常柔性高聚物容易发生应力松弛。分子链刚性越大，蠕变柔量越低。

应力或应变对蠕变及应力松弛的影响
当作用力足够大时，蠕变柔量随作用力的增加而急剧增加，甚至发生蠕变断裂。 　　为保证高聚物制件在长期使用中不产生过大的蠕变变形，制件所受的应力应小于它的临界应力值。 　　当恒定应变超过某一临界值时，应力松弛模量将随应变值的增大而明显下降。

④ 流体静压力的影响。流体静压力越高，高聚物的蠕变和应力松弛速率都降低，在一定观察时间内蠕变柔量减小，而应力松弛模量增高。

⑤ 热处理的影响。将结晶高聚物在T_m以下或将非晶高聚物在T_g以下进行退火处理，可降低它们的蠕变和应力松弛速率。

⑥ 分子量的影响。对分子量较高的高聚物，在它们的蠕变或应力松弛双对数坐标上会出现一个高弹平台区，蠕变和应力松弛速率几乎为零。分子量越高，这个平台区就越宽。

⑦ 结晶的影响。结晶度越高，蠕变和应力松弛速率越低。

⑧ 取向。取向高聚物在取向方向上的蠕变柔量低于未取向高聚物的。

⑨ 增塑、共聚、共混及填料的影响。

> **任务**
>
> 查阅资料，结合高分子材料助剂及配方课程内容，分组探讨增塑、共聚、共混及添加填料对高聚物材料应力松弛行为的影响。

（4）测试橡胶的应力松弛

橡胶和低模量高聚物的应力松弛实验较简单，通常是拉伸应力松弛，硬塑料实验很困难，因为形变值太小。

高分子材料应力松弛实验的测试原理及方法如图 5-14 所示。

5.4.5 动态黏弹性

（1）滞后现象

当聚合物所受的应力为时间的函数时，应力与应变的关系就会出现滞后，即应变随时间的变化一直跟不上应力随时间的变化。而拉伸与回缩曲线构成的闭合曲线称为"滞后圈"（图 5-15）。

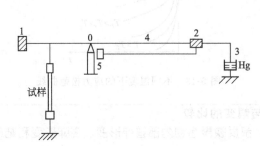

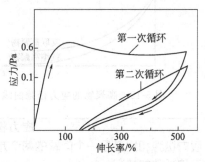

图 5-14 杠杆式拉伸应力松弛仪原理　　图 5-15 未硫化橡胶的应力-应变滞后圈

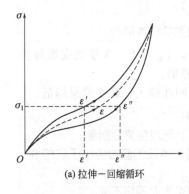

(a) 拉伸-回缩循环

（2）内在机理

① 在正弦应力作用下，链段运动时受到内摩擦力作用，当外力变化时，链段的运动跟不上外力的变化，导致形变落后于应力（图 5-16）。

若轮胎转速均匀，可用正弦公式表示如下：

$$\sigma(t) = \sigma_0 \sin\omega t$$
$$\varepsilon(t) = \varepsilon_0 \sin(\omega t - \delta)$$

式中，$\omega = 2\pi\upsilon$ 为角频率，υ 为频率；δ 为相位差，它的大小可直接用来判断滞后程度。

② 滞后圈：内摩擦使 $\varepsilon_1' < \varepsilon_1 < \varepsilon_1''$，所以消耗能量。

③ 微观过程：高分子链构象只能由一个不平衡状态过渡到另一个不平衡状态，而永远达不到确定的平衡状态。

④ 橡胶制品在很多情况下是在动态下使用的。如滚动的轮胎、回转的传送带和轴承、吸收震动波的减震器等。

评价橡胶的耐寒性和塑料的耐热性必须考虑外力作用速度。

$$T_g \text{ 为} -50℃ \text{橡胶} \xrightarrow{100\sim1000 \text{周/min}} T_g \text{ 为} -20℃ \text{硬而脆}$$

所以：塑料的动态 $T_g >$ 静态 T_g。

（3）影响因素

① 化学结构：刚性分子滞后现象小，柔性分子滞后现象大。

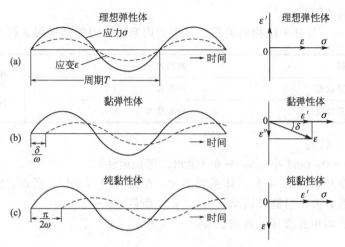

图 5-16　理想弹性体、黏弹性体及纯黏性体的正弦形变

② 交联：硫化橡胶的弹力和形变＞生橡胶，永久形变很少；伸长与回缩曲线靠近，滞后很小。

③ 作用速率

υ 高和低，滞后都小（形变完全跟不上或相反）；υ 不太高，链段可以运动，又不能完全跟上，滞后大。

④ 温度

T 很低，链段运动很慢，无所谓滞后；

T 很高，链段运动很快，形变跟得上应力；

$T_g \pm$ 几十度，链段可以运动，又跟不上，滞后大。

5.4.6　力学损耗（"内耗"现象）

滞后现象：高聚物在交变应力作用下的应变变化落后于应力变化的现象。

（1）力学损耗及原因

由于应力和应变间存在着相位差，当上一次形变还未来得及恢复时，又施加了下一次应力，以致总有部分弹性储能没有机会释放。若不断如此循环下去，这部分储能就被消耗在体系的内摩擦上，并转化成热而放出。这种由于力学滞后而使机械功转换成热的现象，称为力学损耗或内耗。

由于内耗，可能使轮胎温度升至 100℃，使聚合物容易老化，温度太高，甚至会爆胎。但用作吸声和防震的材料则要求有尽可能大的内耗。

> 滞后现象发生的原因：
> 链段在运动时要受到内摩擦阻力的作用；
> 内摩擦阻力越大，相位差 δ 也就越大。

（2）内耗的计算公式

若单看一个循环，$\varepsilon'_1 < \varepsilon_1 < \varepsilon''_1$，由于滞后现象，高聚物在一次拉伸与回缩的循环中，"能量的收支不平衡"。每一循环要消耗功。因为构象在一个循环后完全恢复，不损耗功。所消耗的功都用于克服内摩擦阻力，转化为热。

外力对体系做功＝拉伸曲线下面积，体系对外做功＝回缩曲线下面积，二者之差＝损耗功。

（3）影响内耗的因素

① 内部因素——与分子结构的关系。凡增大内摩擦阻力的结构因素都增大内耗。

大侧基——丁苯橡胶	内耗大	相比较下：
强极性侧基——丁腈橡胶	内耗大	顺丁橡胶
侧基数目多——丁基橡胶	内耗最大	内耗较小

② 温度（图 5-17）。

$T < T_g$，$\delta \to 0$，$\tan\delta$ 小，$\Delta\omega \to 0$（键角、键长运动）。

过渡区：链段开始运动，$\varepsilon \uparrow$，体系黏度大，摩擦力 $\uparrow$，$\delta \uparrow$，所以：$\Delta\omega \uparrow$。

高弹区：虽然 ε 大，但链段运动自由，$\delta \downarrow$，所以 $\Delta\omega \downarrow$。

黏流态：分子间相互滑移，回缩功 $\omega_2 \to 0$，所以 $\Delta\omega \uparrow$。

③ 频率。

υ 很低，链段运动能跟得上外力的变化，滞后现象就很小；聚合物表现出橡胶高弹性。E' 小，$\tan\delta$ 小，E'' 小。

υ 很高，链段根本来不及运动，高聚物就像一块刚硬的固体，滞后现象也很小，聚合物表现出玻璃态的力学性质。E' 高，而 $\tan\delta$，E'' 小。

中间频率，链段既可以运动，但又跟不上应力的变化，才出现较明显的滞后现象。E'' 和 $\tan\delta$ 出现极大值，黏弹区（图 5-18）。

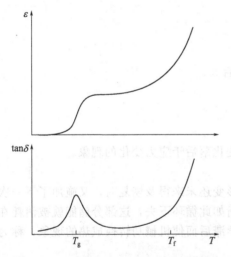

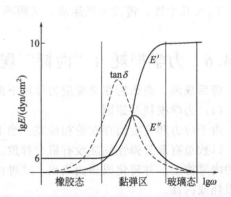

图 5-17　高聚物的形变和内耗与温度的关系　　图 5-18　典型黏弹性固体的 E'、E'' 与频率的关系

> 在周期性应力的作用下，应变响应的三种情况：
> 1. 完全弹性；
> 2. 完全黏性；
> 3. 黏弹性。

（4）几种常见的测试方法和仪器

动态力学测试方法有如下几种。

① 自由共振法，如扭摆和扭辫 $0.1 \sim 10\,Hz$。

② 共振法，如振簧 $50 \sim 5 \times 10^3\,Hz$。

③ 强迫非共振法，如黏弹谱仪 $10^{-3} \sim 10^2\,Hz$。

④ 声波传播法，$10^5 \sim 10^7 \, \text{Hz}$。

5.4.7 聚合物的时温等效原理

① 由聚合物的松弛特性已知，其力学行为强烈地依赖于时间和温度。

$$T \uparrow, \ \tau \downarrow, \ \tau = (\tau_0 \mathrm{e}^{\Delta E/RT})$$

② 升高温度与延长观察时间对分子运动是等效的，即：高 T 和短 t ＝低 T 和长 t。

5.4.8 任务实施

任务：分组讨论，并根据要求选择合适的高分子材料。

① 对于作轮胎的橡胶，应选用哪种？

② 对于防震材料，应如何选用高聚物材料？

③ 对于隔声材料和吸声材料，应如何选用高聚物？

④ 查阅资料，结合高分子材料助剂及配方课程内容，分组探讨增塑、共聚、共混及添加填料对高聚物材料蠕变、力学损耗的影响。

项目六
高聚物的电学性能

就导电性而言，高分子材料可以是绝缘体、半导体、导体和超导体。多数聚合物材料具有卓越的电绝缘性能，其电阻率高、介电损耗小，电击穿强度高，加之又具有良好的力学性能、耐化学腐蚀性及易成型加工性能，使它比其他绝缘材料具有更大实用价值，已成为电气工业不可或缺的材料。另外，导电高分子的研究和应用近年来取得突飞猛进的发展。本项目将学习在外加电场作用下高分子材料所表现出来的介电性能、导电性能、电击穿性质以及与其他材料接触、摩擦时所引起的表面静电性质等。

6.1 学习目标

本项目的学习目标如表 6-1 所示。

表 6-1　高聚物的电学性能的学习目标

序号	类别	目　标
1	知识目标	(1)知道高聚物的极化及介电常数 (2)掌握高聚物的介电损耗 (3)了解高聚物的导电性 (4)知道影响高聚物导电性能的因素及高分子导电的应用 (5)了解高聚物的介电击穿 (6)了解高聚物的静电现象
2	能力目标	(1)能够测试高聚物的体积电阻及表面电阻 (2)能够测试导电高分子的电导率 (3)能够分析影响高分子导电性能的主要因素
3	素质目标	(1)细心观察，勤于思考的学习态度 (2)主动探索求知的学习精神 (3)理论结合实践的能力

6.2 工作任务

本项目的工作任务如表 6-2 所示。

表 6-2　高聚物的电学性能的工作任务

序号	任务内容	要　求
1	测定 LDPE 树脂及填充炭黑的 LDPE 树脂的表面电阻及体积电阻	(1)掌握测试表面电阻及体积电阻的基本原理 (2)了解电阻测试仪的主要部件 (3)能根据要求进行试样准备 (4)能够选择合适条件，完成样品体积电阻及表面电阻的测试 (5)能够对测试结果进行分析

序号	任务内容	要　　求
2	测试导电高分子的电导率	(1)掌握测试高聚物电导率的基本原理 (2)能根据要求进行试样准备 (3)能够按照操作规范完成样品电导率的测试 (4)能够结合高分子结构特点,分析影响聚合物导电性能的原因

高分子绝缘产品见图 6-1,导电泡棉见图 6-2。

图 6-1　高分子绝缘产品

图 6-2　导电泡棉

6.3　聚合物的极化和介电性能

6.3.1　聚合物电介质在外电场中的极化

在外电场作用下,电介质分子中电荷分布发生变化,使材料出现宏观偶极矩,这种现象称电介质的极化。极化方式有两种:感应极化和取向极化。根据分子本身是否具有永久偶极矩,物质分子可分为极性分子和非极性分子两大类,其极化方式不同。

非极性分子本身无偶极矩,在外电场作用下,原子内部价电子云相对于原子核发生位移,使正负电荷中心分离,分子带上偶极矩;或者在外电场作用下,电负性不同的原子之间发生相对位移,使分子带上偶极矩。这种极化称感应极化,又称诱导极化或变形极化。其中由价电子云位移引起的极化称电子极化;由原子间发生相对位移引起的极化称原子极化。原子极化比电子极化弱得多,极化过程所需的时间略长。

感应极化产生的偶极矩为感应偶极矩 μ_1,对各向同性介质,μ_1 与外电场强度 E 成正比:

$$\mu_1 = (\alpha_e + \alpha_a)E = \alpha_1 E \tag{6-1}$$

式中,α_1 为感应极化率;α_e 和 α_a 分别为电子极化率和原子极化率;α_e 和 α_a 的值不随温度而变化,仅取决于分子中电子云和原子的分布情况。电子极化和原子极化在所有电介质中(包括极性介质和非极性介质)都存在。

极性分子本身具有永久偶极矩,通常状态下由于分子的热运动,各偶极矩的指向杂乱无章,因此宏观平均偶极矩几乎为零。当有外电场时,极性分子除发生电子极化和原子极化外,其偶极子还会沿电场方向发生转动、排列,产生分子取向,表现出宏观偶极矩。这种现象称取向极化或偶极极化(图 6-3)。

取向极化产生偶极矩的大小取决于偶极子的取向程度,研究表明,取向偶极矩 μ_2 与极性分子永久偶极矩 μ_0 的平方成正比,与外电场强度 E 成正比,与绝对温度成反比,即:

$$\mu_2 = \frac{\mu_0^2}{3kT} \times E = \alpha_2 E \tag{6-2}$$

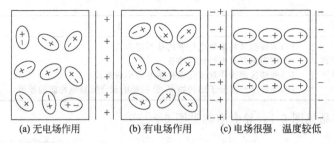

(a) 无电场作用   (b) 有电场作用   (c) 电场很强，温度较低

图 6-3 极性分子的取向极化

式中，α_2 称取向极化率；k 为玻尔兹曼常数。由于极性分子永久偶极矩远大于感应偶极矩，故取向偶极矩 μ_2 大于感应偶极矩 μ_1。

极性分子沿电场方向转动、排列时，需要克服本身的惯性和旋转阻力，所以完成取向极化过程所需时间比电子极化和原子极化长。尤其对大分子，其取向极化可以是不同运动单元的取向，包括小侧基、链段或分子整链，因此完成取向极化所需时间范围也很宽。取向极化时因需克服分子间相互作用力，因此也消耗部分能量。

以上讨论单个分子产生的偶极矩，对各向同性介质，若单位体积含 n_0 个分子，每个分子产生的平均偶极矩为 $\overline{\mu}$，则单位体积内的偶极矩 P 为：

$$P = n_0\overline{\mu} = n_0\alpha E \qquad (6\text{-}3)$$

式中，P 为介质极化率；α 为分子极化率。对非极性介质，$\alpha = \alpha_1$；对极性介质，$\alpha = \alpha_1 + \alpha_2$。

除上述三种极化外，还有一种产生于非均相介质界面处的界面极化。由于界面两边的组分可能具有不同的极性或电导率，在电场作用下将引起电荷在两相界面处聚集，从而产生极化。共混、填充聚合物体系以及泡沫聚合物体系有时会发生界面极化。对均质聚合物，在其内部的杂质、缺陷或晶区、非晶区界面上，都有可能产生界面极化。

6.3.2 聚合物的介电性能

聚合物在外电场作用下贮存和损耗电能的性质称介电性，这是由于聚合物分子在电场作用下发生极化引起的，通常用介电系数 ε 和介电损耗 $\tan\delta$ 表示。

（1）介电系数

已知真空平板电容器的电容 C_0 与施加在电容器上的直流电压 V 及极板上产生的电荷 Q_0 有如下关系：

$$C_0 = Q_0/V \qquad (6\text{-}4)$$

当电容器极板间充满均质电介质时，由于电介质分子的极化，极板上将产生感应电荷，使极板电荷量增加到 $Q_0 + Q'$，电容器电容相应增加到 C。

$$C = Q/V = (Q_0 + Q')/V > C_0 \qquad (6\text{-}5)$$

两个电容器的电容之比，称该均质电介质的介电系数 ε，即：

$$\varepsilon = C/C_0 = 1 + Q'/Q_0 \qquad (6\text{-}6)$$

介电系数反映了电介质储存电荷和电能的能力，从上式可以看出，介电系数越大，极板上产生的感应电荷 Q' 和储存的电能越多。介电系数在宏观上反映了电介质的极化程度，它与分子极化率 α 存在着如下的关系：

$$\widetilde{P} = \frac{\varepsilon - 1}{\varepsilon + 2} \times \frac{M}{\rho} = \frac{4}{3}\pi N_0\alpha \qquad (6\text{-}7)$$

式中，$\widetilde{P}$、M、ρ 分别为电介质的摩尔极化率、分子量和密度；N_0 为阿佛伽德罗常数。对非极性介质，此式称为 Clausius-Mosotti 方程；对极性介质，此式称为 Debye 方程。

根据上式，可以通过测量电介质介电系数 ε 求得分子极化率 α。另外实验得知，对非极性介质，介电系数 ε 与介质的光折射率 n 的平方相等，$\varepsilon = n^2$，此式联系着介质的电学性能和光学性能。

（2）介电损耗

电介质在交变电场中极化时，会因极化方向的变化而损耗部分能量和发热，称介电损耗。介电损耗产生的原因有两方面：一为电导损耗，是指电介质所含的微量导电载流子在电场作用下流动时，因克服电阻所消耗的电能。这部分损耗在交变电场和恒定电场中都会发生。由于通常聚合物导电性很差，故电导损耗一般很小。二为极化损耗，这是由于分子偶极子的取向极化造成的。取向极化是一个松弛过程，交变电场使偶极子转向时，转动速度滞后于电场变化速率，使一部分电能损耗于克服介质的内黏滞阻力上，这部分损耗有时是很大的。对非极性聚合物而言，电导损耗可能是主要的。对极性聚合物的介电损耗而言，其主要部分为极化损耗。

已知分子极化速率很快。电子极化所需时间 $10^{-15} \sim 10^{-13}$ s，原子极化需略大于 10^{-13} s。但取向极化所需时间较长，对小分子约大于 10^{-9} s，对大分子更长一些。极性电介质在交变电场中极化时，如果电场的交变频率很低，偶极子转向能跟得上电场的变化，如图 6-4（a）所示，介电损耗就很小。当交变电场频率提高，偶极子转向与电场的变化有时间差［图 6-4（b）］，落后于电场的变化，这时由于介质的内黏滞作用，偶极子转向将克服摩擦阻力而损耗能量，使电介质发热。若交变电场频率进一步提高，致使偶极子取向完全跟不上电场变化，取向极化将不发生，这时介质损耗也很小。由此可见，只有当电场变化速度与微观运动单元的本征极化速度相当时，介电损耗才较大。实验表明，原子极化损耗多出现于红外光频区，电子极化损耗多出现于紫外光频区，在一般电频区，介质损耗主要是由取向极化引起的。

> **思考**
> 高聚物产生介电损耗的条件是：
> ① 偶极子的运动与电场的运动同步；
> ② 偶极子在电场的作用下发生强迫运动；
> ③ 偶极子不发生取向极化。

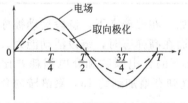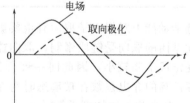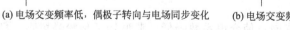

(a) 电场交变频率低，偶极子转向与电场同步变化　(b) 电场交变频率提高，偶极子转向滞后于电场变化

图 6-4　偶极子取向随电场变化图

选用高分子材料作电气工程材料时，介电损耗必须考虑。若选用聚合物作电工绝缘材料、电缆包皮、护套或电容器介质材料，希望介电损耗越小越好。否则，不仅消耗较多电能，还会引起材料本身发热，加速材料老化破坏，引发事故。在另一些场合，需要利用介电损耗进行聚合物高频干燥、塑料薄膜高频焊接或大型聚合物制件高频热处理时，则要求材料有较大的 $\tan\delta$ 或 ε'' 值。

6.3.3　影响聚合物介电性能的因素

（1）分子结构的影响

高分子材料的介电性能首先与材料的极性有关。这是因为在几种介质极化形式中，偶极子的取向极化偶极矩最大，影响最显著。

分子偶极矩等于组成分子的各个化学键偶极矩（亦称键矩）的矢量和。对大分子而言，由于构象复杂，难以按构象求整个大分子平均偶极矩，所以用单体单元偶极矩来衡量高分子极性。按单体单元偶极矩的大小，聚合物分极性和非极性两类。一般认为偶极矩在 $0\sim0.5D$（德拜）范围内属非极性的，偶极矩在 $0.5D$ 以上属极性的。聚乙烯分子中 C—H 键的偶极矩为 $0.4D$，但由于分子对称，键矩矢量和为零，故聚乙烯为非极性的。聚四氟乙烯中虽然 C—F 键偶极矩较大（$1.83D$），但 C—F 对称分布，键矩矢量和也为零，整个分子也是非极性的。聚氯乙烯中 C—Cl（$2.05D$）和 C—H 键矩不同，不能相互抵消，故分子是极性的。非极性聚合物具有低介电系数（ε 约为 2）和低介电损耗（$\tan\delta$ 小于 10^{-4}）；极性聚合物具有较高的介电常数和介电损耗。一些常见聚合物的介电系数和介电损耗值见表 6-3。

表 6-3　常见聚合物的介电系数（60Hz）和介电损耗角正切

聚合物	ε	$\tan\delta\times10^4$	聚合物	ε	$\tan\delta\times10^4$
聚四氟乙烯	2.0	<2	聚碳酸酯	2.97~3.71	9
四氯乙烯-六氟丙烯共聚物	2.1	<3	聚砜	3.14	6~8
聚丙烯	2.2	2~3	聚氯乙烯	3.2~3.6	70~200
聚三氟聚乙烯	2.24	12	聚甲基丙烯酸甲酯	3.3~3.9	400~600
低密度聚乙烯	2.25~2.35	2	聚甲醛	3.7	40
高密度聚乙烯	2.30~2.35	2	尼龙 6	3.8	100~400
ABS 树脂	2.4~5.0	40~300	尼龙 66	4.0	140~600
聚苯乙烯	2.45~3.10	1~3	酚醛树脂	5.0~6.5	600~1000
高抗冲聚苯乙烯	2.45~4.75		硝化纤维素	7.0~7.5	900~1200
聚苯醚	2.58	20	聚偏氟乙烯	8.4	

分子链活动能力对偶极子取向有重要影响，例如，在玻璃态下，链段运动被冻结，结构单元上极性基团的取向受链段牵制，取向能力低；而在高弹态时，链段活动能力大，极性基团取向时受链段牵制较小，因此同一聚合物高弹态下的介电系数和介电损耗要比玻璃态下大。如聚氯乙烯的介电系数在玻璃态时为 3.5，到高弹态增加到约 15，聚酰胺的介电系数玻璃态为 4.0，到高弹态增加到近 50。

大分子交联也会妨碍极性基团取向，使介电系数降低。典型例子是酚醛树脂，虽然这种聚合物极性很强，但交联使其介电系数和介电损耗并不很高。相反，支化结构会使大分子间相互作用力减弱，分子链活动性增强，使介电系数增大。

（2）温度和交变电场频率的影响

温度的影响：温度升高一方面使材料黏度下降，有利于极性基团取向，另一方面又使分子布朗运动加剧，反而不利于取向。由图 6-5 可见，当温度低时，介质黏度高，偶极子取向程度低且取向速度极慢，因此 ε' 和 ε'' 都很小。随着温度升高，介质黏度降低，偶极子取向能力增大（因而 ε' 增大），但由于取向速度跟不上电场的变化，取向时消耗能量较多，所以 ε'' 也增大。温度进一步升高，偶极子取向能完全跟得上电场变化，ε' 增至最大，但同时取向消耗的能量减少，ε''又变小。温度很高时，偶极子布朗运动加剧，又会使取向程度下降，能量损耗增大。

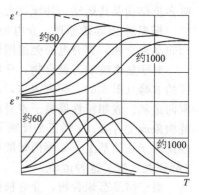

图 6-5　在各种频率下介电常数和介电损耗与温度的关系

上述影响主要是对极性聚合物的取向极化而言；对非极性聚合物，由于温度对电子极化及原子极化的影响不大，因此介电系数随温度的变化可以忽略不计。

电场频率的影响：与材料的动态力学性能相似，高分子材料的介电性能也随交变电场频率而变。当电场频率较低时（$\omega \to 0$，相当于高温），电子极化、原子极化和取向极化都跟得上电场的变化，因此取向程度高，介电系数 ε' 大，介电损耗小（$\varepsilon'' \to 0$）。在高频区（光频区），只有电子极化能跟上电场的变化，偶极取向极化来不及进行（相当于低温），介电系数 ε' 降低到只有原子极化、电子极化所贡献的值，介电损耗 ε'' 也很小。在中等频率范围内，偶极子一方面能跟着电场变化而运动，但运动速度又不能完全适应电场的变化，偶极取向的位相落后于电场变化的位相，一部分电能转化为热能而损耗，此时 ε'' 增大，出现极大值，而介电系数 ε' 随电场频率增高而下降。除去布朗运动的影响外，电场频率与温度对介电性能的影响符合时间-温度等效原理。

（3）杂质的影响

杂质对聚合物介电性能影响很大，尤其导电杂质和极性杂质（如水分）会大大增加聚合物的导电电流和极化度，使介电性能严重恶化。对于非极性聚合物来说，杂质是引起介电损耗的主要原因。如低压聚乙烯，当其灰分含量从 1.9% 降至 0.03% 时，$\tan\delta$ 从 14×10^{-4} 降至 3×10^{-4}。因此对介电性能要求高的聚合物，应尽量避免在成型加工中引入杂质。水能明显增加聚合物的介电损耗。

（4）电压的影响

外加电压增大，高聚物的介电损耗增加。

对同一高聚物，当外加电场的电压变大时，一方面有更多的偶极按电场的方向取向，使极化程度增加；另一方面流过高聚物的电导电流的大小与电压成正比，这两个方面都将导致高聚物介电损耗的增加。

（5）增塑剂的影响

聚合物体系中加入增塑剂可以降低材料黏度，利于偶极子取向，与升高温度有相同的效果。加入增塑剂使介电损耗 ε'' 的峰值向低温区域移动，介电系数 ε' 也在较低温度下开始上升。聚合物体系中若加入极性增塑剂，还会因为引入新的偶极损耗而使材料介电损耗增加。

聚合物-增塑剂体系的极性情况如下。

① 非极性聚合物和非极性增塑剂：加入非极性增塑剂可以使介电损耗移向低温。

② 极性聚合物和极性增塑剂：介电损耗强度随组成变化将出现一个极小值。

③ 极性聚合物和非极性增塑剂：极性基团浓度随组成变化而减少，介电损耗峰将单调的逐渐减小。

④ 非极性聚合物和极性增塑剂：同③。

上述四种情况下，均会出现随增塑剂的加入介电损耗移向低温。

6.3.4　聚合物介电松弛谱

如果在宽阔的频率或温度范围内测量高分子材料的介电损耗，可以在不同的频率或温度区间观察到多个损耗峰，构成介电松弛谱图。这种谱图反映了大分子多重运动单元在交变电场中的取向极化及松弛情形，如同力学损耗松弛谱图一样，利用介电松弛谱也可以研究分子链多重结构及其运动，甚至比力学松弛谱更灵敏。

根据时-温等效原理，介电松弛谱通常是固定频率下，通过改变温度测得的。对于结晶和非晶聚合物，其介电松弛谱图形不同。

对于极性玻璃态聚合物，介电松弛谱一般有两个损耗峰，一是高温区的 α 峰，一是低温区的 β 峰（图 6-6）。研究表明，α 峰与大分子主链链段运动有关，而 β 峰反映了极性侧基的取向运动。假如极性偶极子本身就在主链上，如聚氯乙烯的 C—Cl，则偶极子取向状态与主链构象改变有关，α 峰正是反映了主链链段运动对偶极子取向状态的影响。另一方面，若极性偶极子在侧基上，如聚丙烯酸甲酯的酯基，则极性侧基绕主链的转动将影响偶极子取向，β 峰正是反映了这种运动。

对于结晶态聚合物，介电松弛谱一般有 α、β、γ 三个损耗峰，α 峰反映了晶区的分子运动，β 峰与非晶区的链段运动有关，γ 峰可能与侧基旋转或主链的曲轴运动相关。图 6-6 给出聚偏氟乙烯的介电松弛谱图，图中三个损耗峰分别反映了这三种运动。

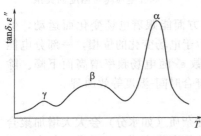

图 6-6　介电损耗温度谱示意

聚合物的介电松弛谱广泛地应用于高分子材料结构研究。即使对非极性聚合物，如聚乙烯、聚四氟乙烯，测量介电损耗谱仍发现有偶极松弛。研究表明，这是由于材料中含有杂质（如催化剂、抗氧剂等）和氧化副产物引起的。采用介电损耗可以测出聚乙烯中浓度为 0.01% 的羰基含量，其灵敏度比光谱法还高。

6.4　聚合物的导电性能和导电高分子材料

6.4.1　材料导电性的表征

材料导电性通常用电阻率 ρ 或电导率 σ 表示，两者互为倒数关系。按定义有：

$$\rho = R \times \frac{S}{d} = 1/\sigma \tag{6-8}$$

式中，R 为试样的电阻；S 为试样截面积；d 为试样长度（或厚度，为电流流动方向的长度）。

从微观导电机理看，材料导电是由于物质内部存在传递电流的自由电荷，这些自由电荷包括电子、空穴、正离子、负离子，统称为载流子。设单位体积试样中载流子数目为 n_0，载流子电荷量为 q_0，载流子迁移率（单位电场强度下载流子的迁移速度）为 v，则材料电导率 σ 等于：

$$\sigma = n_0 q_0 v \tag{6-9}$$

注意电阻率 ρ 和电导率 σ 都是表征材料本征特性的物理量，与试样的形状尺寸无关。由式（6-9）可见，材料的导电性能主要取决于两个重要的参数：单位体积试样中载流子数目的多少和载流子迁移率的大小。

但在实际应用中，根据测量方法不同，人们又将试样的电阻区分为体积电阻和表面电阻。将聚合物电介质置于两平行电极板之间，施加电压 V，测得流过电介质内部的电流称体积电流 I_v，按欧姆定律，定义体积电阻等于：

$$R_v = V/I_v \tag{6-10}$$

若在试样的同一表面上放置两个电极，施加电压 V，测得流过电介质表面的电流称表面电流 I_s，同理，表面电阻定义为：

$$R_s = V/I_s \qquad\qquad (6\text{-}11)$$

根据电极形状不同，表面电流的流动方式不同，表面电阻率的定义也有差别。对于平行电极，$\rho_s = R_s \dfrac{L}{b}$，$L$、$b$ 分别是平行电极的长度和间距。对于环型电极，设外环电极内径和内环电极外径分别为 D_2、D_1，$\rho_s = R_s \dfrac{2\pi}{\ln(D_2/D_1)}$。注意表面电阻率 ρ_s 与表面电阻 R_s 同量纲。体积电阻率 ρ_v 的定义见式 (6-8)。

体积电阻率是材料重要的电学性质之一，通常按照 ρ_v 的大小，将材料分为导体、半导体和绝缘体三类：$\rho_v = 0 \sim 10^3\,\Omega\cdot cm$，导体；$10^3 \sim 10^8\,\Omega\cdot cm$，半导体；$10^8 \sim 10^{18}$（或 $> 10^{18}$）$\Omega\cdot cm$，绝缘体。表面电阻率与聚合物材料抗静电性能有关。

表面电阻和体积电阻率的测定原理及方法如图 6-7 所示。

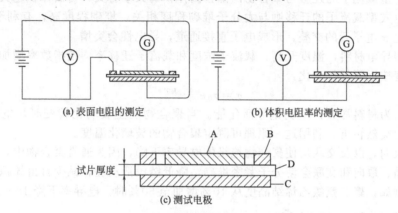

(a) 表面电阻的测定　　　　(b) 体积电阻率的测定

(c) 测试电极

图 6-7　表面电阻和体积电阻率的测定

A—测试电极；B—环形电极（测体积电阻率时为保护电极）；

C—圆形电极（测表面电阻时为保护电极）；D—试片

材料根据电导率分类如下（图 6-8）。

超导体——10^8 $(\Omega\cdot m)^{-1}$ 以上；良导体——$10^5 \sim 10^8$ $(\Omega\cdot m)^{-1}$。

半导体——$10^{-7} \sim 10^5$ $(\Omega\cdot m)^{-1}$；绝缘体——$10^{-18} \sim 10^{-7}$ $(\Omega\cdot m)^{-1}$。

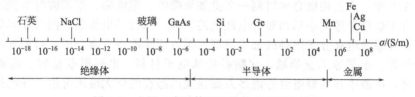

图 6-8　金属、半导体和绝缘体的室温电导率

6.4.2　影响聚合物导电的因素

大多数高分子材料的体积电阻率很高（$10^{10} \sim 10^{20}\,\Omega\cdot cm$），是良好绝缘材料。在外电场作用下，体积电流很小。这些电流可分为三种：一是瞬时充电电流 I_d，由加上电场瞬间的电子和原子极化引起；二是吸收电流 I_a，可能由偶极取向极化、界面极化和空间电荷效应引起；三是漏电电流 I_b，是通过聚合物材料的恒稳电流。充电电流和吸收电流存在的时间都很短，高分子材料的导电性能（绝缘性能）只取决于漏电电流。

如前所述，材料的导电性能主要取决于两个参数：单位体积试样中载流子浓度和载流子迁移率。高分子材料内的载流子很少。已知大分子结构中，原子的最外层电子以共价键方式与相邻原子键接，不存在自由电子或其他形式载流子（具有特定结构的聚合物例外）。理论计算表明，结构完整的纯聚合物，电导率仅为 10^{-25} S/cm。但实际聚合物的电导率往往比它大几个数量级，表明聚合物绝缘体中载流子主要来自材料外部，即由杂质引起的。这些杂质来自于聚合物合成和加工过程中，包括：少量没有反应的单体、残留的引发剂和其他各种助剂以及聚合物吸附的微量水分等。例如，在电场作用下电离的水，$H_2O \rightleftharpoons H^+ + OH^-$ 就为聚合物提供了离子型载流子。水对聚合物的绝缘性影响最甚，尤其当聚合物材料是多孔状或有极性时，吸水量较多，影响更大。例如以橡胶填充的聚苯乙烯材料在水中浸渍前后电导率相差两个数量级，而用木屑填充的聚苯乙烯材料在同样情况下电导率猛增 8 个数量级。

载流子迁移率大小决定于载流子从外加电场获得的能量和热运动碰撞时损失的能量。研究表明，离子型载流子的迁移与聚合物内部自由体积的大小有关，自由体积越大，迁移率越高。电子和空穴型载流子的迁移则与大分子堆砌程度相关，堆砌程度高，有利于电子跃迁，若堆砌能产生 π 电子云的交叠，形成电子直接通道，导电性会突增。

对离子型导电材料，温度升高，载流子浓度和载流子迁移率均按指数率增加，因此材料电导率随温度按以下规律变化：

$$\sigma = \sigma_0 e^{-E_c/RT} \tag{6-12}$$

式中，σ_0 为材料常数；E_c 为电导活化能。当聚合物发生玻璃化转变时，电导率或电阻率曲线将发生突然转折，利用这一原理可测定聚合物的玻璃化温度。

结晶、取向，以及交联均使聚合物绝缘体电导率下降，因为通常聚合物中，主要是离子型导电，结晶、取向和交联会使分子紧密堆砌，降低链段活性，减少自由体积，使离子迁移率下降。例如，聚三氟氯乙烯结晶度从 10% 增加至 50% 时，电导率下降 10~1000 倍。

6.4.3 导电高分子材料

导电高分子的研究和应用是近年来高分子科学最重要的成就之一。1974 年日本白川英树等偶然发现一种制备聚乙炔自支撑膜的方法，得到聚乙炔薄膜不仅力学性能优良，且有明亮金属光泽。而后 MacDiarmid、Heeger、白川英树等合作发现聚乙炔膜经过 AsF_5、I_2 等掺杂后电导率提高 13 个数量级，达到 10^3 S/cm，成为导电材料。这一结果突破了传统的认为高分子材料只是良好绝缘体的认识，引起广泛关注。

随后短短几年，人们相继合成得到一大批如聚噻吩、聚吡咯、聚苯胺等本征态导电高分子材料，研究了掺杂及掺杂态结构对导电性能的影响，探讨导电机理。同时在降低导电高分子材料成本，克服导电高分子困难的加工成型性等方面也取得可喜进展。目前导电高分子已开始应用于国防、电子等工业领域，在制备特殊电子材料、电磁屏蔽材料、电磁波吸收材料、舰船防腐、抗静电和新型电池等诸多方面显现出潜在的巨大应用价值。导电机理的研究也在深入开展中。

高聚物的导电特点

在高聚物中即存在离子电导也存在电子电导，导电载流子可以由材料本身产生，也可以来自材料外部。

1. 离子电导：可以是正和负离子。

（1）带有强极性原子或基团聚合物的本征解离。

（2）添加剂、填料、水分及其他杂质的解离。

2. 电子电导：导电载流子可以是电子和空穴。

共轭聚合物、聚合物的自由基-离子化合物、电子转移络合物、有机金属聚合物等特殊结构的聚合物。

（1）高聚物的导电性与分子结构的关系

高聚物的极性与导电性能之间关系如下：

① 饱和的非极性高聚物具有最好的电绝缘性；

② 极性高聚物电绝缘性次之；

③ 共轭高聚物是高分子半导体材料；

④ 电荷转移络合物和自由基-离子化合物具有高的电子电导性；

⑤ 有机金属聚合物的电子电导增加。

（2）导电高分子类型

① 本征型导电高分子　聚乙炔、聚对苯撑、聚吡咯、聚噻吩、聚苯胺等属于本征型导电高分子。这些材料分子链结构的一个共同特点是具有长程共轭结构，以单键隔开的相邻双键或（和）三键形成共轭结构时，会有 π-电子云的部分交叠，使 π-电子非定域化。曾有理论认为这类高分子的导电性与 π-电子的非定域化有关，π-电子类似金属导体中的自由电子。

实际上真正纯净的聚合物，包括无缺陷的共轭结构聚合物本身并不导电，要使它导电必须使其共轭结构产生某种"缺陷"。掺杂（Doping）是最常用的产生缺陷和激发的化学方法。通过掺杂使带有离域 π-电子的分子链氧化（失去电子）或还原（得到电子），使分子链具有导电结构（产生导电载流子）。掺杂后，掺杂剂残基嵌在大分子链之间，起对离子作用，但它们本身不参与导电。依据掺杂的程度，材料可以呈半导体性，也可以呈导体性。

按反应类型分类，掺杂有氧化还原掺杂和质子酸掺杂两种。氧化还原掺杂又称为电化学掺杂。由于共轭分子链中的 π-电子有较高的离域程度，既表现出足够的电子亲和力，又具有较低的电子离解能，因而根据反应条件的不同，分子链可能被氧化，也可能被还原。以聚乙炔为例，若用 I_2、AsF_5 掺杂属于氧化掺杂，I_2、AsF_5 为电子受体掺杂剂；用 Na、K 掺杂则为还原掺杂，Na、K 为电子给体掺杂剂。反应方程式如下：

$$2(CH)_x + 3xyI_2 \longrightarrow [(CH)_2^{+y}(I_3^-)_{2y}]_x$$

$$(CH)+xy \quad \xrightarrow{\text{Na}} \quad [(Na^+)_y(CH)^{-y}]_x + xy$$

质子酸掺杂又称氧化掺杂，采用此方法时，向共轭分子链引入一个质子，质子携带的正电荷转移到分子链上，改变了原来的电荷分布状态，相当于分子链失去一个电子而发生氧化掺杂。聚乙炔与 HF 的反应属于质子酸掺杂。

$$\xrightarrow{\text{FH}}$$

由质子引入的正电荷，虽画在一个碳原子上，实际是离域在一定长度的分子链上。

聚乙炔虽是最早研究的导电高分子，但由于其共轭双键易与空气中的氧反应生成羰基化合物，破坏共轭结构，因而近年来人们将目光转向环境稳定性好的导电高分子，主要有聚苯胺、聚吡咯、聚噻吩三大类。尤其聚苯胺原料价廉、合成简单、稳定性好、具有较高电导率和潜在的溶液、熔融加工可能性，更受到广泛重视。

聚苯胺可以用化学和电化学方法制备，其中化学法能够大批量生产，因而一直是合成聚苯胺的主要途径。苯胺的化学氧化聚合通常在苯胺/氧化剂/质子酸/水体系中进行。质子酸种类很多，一般多用 HCl，质子酸除提供质子外，还起着保证聚合体系有足够酸度，使反应按 1,4-偶联方式进行的作用，以得到低缺陷、高性能的聚苯胺。常用的氧化剂为 $(NH_4)_2S_2O_8$，其氧化能力强，在 $-5 \sim 50℃$ 温度范围内有很高的氧化活性，随氧化剂用量增加，产率增加，但用量过大时，会使聚苯胺氧化降解。作者所在的课题组，采用溶液聚合、乳液聚合、分散聚合、正相或反相微乳液聚合等多种方法制备聚苯胺，发现制备方法不

同，得到的样品形态不同。掺杂程度不同，材料的导电性能不同（表 6-4）。为解决聚苯胺困难的成型加工性，我们采用 PVP（聚吡咯烷酮）为分散剂，制得分散良好、球型或米粒型、纳米级聚苯胺水基分散液，为聚苯胺涂料和聚苯胺/无机粒子复合材料的开发奠定了基础。

表 6-4　几种聚苯胺样品的电导率

样品状态	聚合方法	掺杂物	电导率/(S/cm)
本征态聚苯胺	—	无	3.5×10^{-5}
掺杂态聚苯胺	溶液聚合	盐酸 HCl	10.3
掺杂态聚苯胺	乳液聚合	十二烷基苯磺酸 DBSA	1.35×10^{-2}
掺杂态聚苯胺	反相微乳液聚合	盐酸 HCl	0.175

② 复合型导电高分子材料　复合型导电高分子材料是指以绝缘的有机高分子材料为基体，与其他导电性物质以均匀分散复合、层叠复合或形成表面导电膜等方式制得的一种有一定导电性能的复合材料。相对于本征型导电高分子而言，这种复合材料的制备无论在理论上还是应用上都比较成熟，具有成型简便、重量轻、可在大范围内根据需要调节材料的电学和力学性能、成本低廉等优点，因而得以广泛开发应用。

复合型导电高分子的基体有热固性和热塑性树脂（如环氧树脂、酚醛树脂、不饱和聚酯、聚烯烃等），也有合成橡胶（如硅橡胶、乙丙橡胶）。常用的导电填料有碳类（石墨、炭黑、碳纤维、石墨纤维等）、金属类（金属粉末、箔片、丝、条或金属镀层的玻璃纤维、玻璃珠等）和金属氧化物（氧化铝、氧化锡等）。

复合型导电高分子材料的导电机理也是一个复杂问题，它涉及导电通路如何形成以及形成通路后如何导电两个问题。研究表明，当复合体系中导电填料的含量增加到一个临界值时，体系的电阻率突然下降，变化幅度达 10 个数量级左右；填料含量继续提高，复合材料的电阻率变化甚小，这说明在临界值点附近导电填料的分布开始形成通路网络。这一现象可以用逾渗理论予以说明。

（3）任务实施 1

① 任务：测量 LDPE 树脂及填充炭黑的 LDPE 的表面电阻及体积电阻。

② 任务实施目的

a. 掌握测试表面电阻及体积电阻的基本原理；

b. 了解电阻测试仪的主要部件；

c. 能根据要求进行试样准备；

d. 能够选择合适条件，完成样品体积电阻及表面电阻的测试；

e. 能够对测试结果进行分析。

③ 实施内容

测量 LDPE 树脂及填充炭黑的 LDPE 的表面电阻及体积电阻。

④ 设备及原料

表面电阻测试仪；LDPE 树脂及填充炭黑的 LDPE。

⑤ 实施步骤（略）

⑥ 结果分析

（4）任务实施 2

① 任务：测试导电高分子的电导率。

② 任务实施目的

a. 掌握测试高聚物电导率的基本原理；

b. 能根据要求进行试样准备；

c. 能够按照操作规范完成样品电导率的测试；

d. 能够结合高分子结构特点，分析影响聚合物导电性能的原因。

③ 实施内容

测量导电高分子的表面电阻及体积电阻。

④ 设备及原料

电导率测试仪；导电高分子材料。

⑤ 实施步骤（略）

6.4.4　聚合物的电击穿

在弱外电场中，聚合物绝缘体和聚合物导体的导电性能服从欧姆定律，但在强电场中，其电流-电压关系发生变化，电流增大的速度比电压更快。当电压升至某临界值时，聚合物内部突然形成了局部电导，丧失绝缘性能，这种现象称电击穿。击穿时材料化学结构遭到破坏，通常是焦化、烧毁。

导致材料击穿的电压称击穿电压 V_c，它表示一定厚度的试样所能承受的极限电压。在均匀电场中，击穿电压随试样厚度增加而增加，通常用击穿电压 V_c 与试样厚度 d 之比，即击穿电场强度 E_c 来表示材料的耐电压指标：

$$E_c = \frac{V_c}{d} \tag{6-13}$$

此外，工业上多采用耐压实验来检验材料的耐高压性能，耐压实验是在试样上加以额定电压，经规定时间后观察试样是否被击穿，若试样未被击穿即为合格产品。

击穿场强和耐压值是绝缘材料的重要指标，但不是高分子材料的特征物理量。因为这些指标受材料的缺陷、杂质、成型加工历史、试样几何形状、环境条件、测试条件等因素的影响。实际上它只是一定条件下的相对比较值。

6.5　聚合物的静电特性

6.5.1　静电的产生

摩擦起电和接触起电是人们熟知的静电现象，对于高分子材料尤其常见。在高分子材料加工和使用过程中，相同或不同材料的接触和摩擦是十分普遍的。根据目前认识，任何两个物理状态不同的固体，只要其内部结构中电荷载体能量分布不同，接触（或摩擦）时就会在固-固表面发生电荷再分配，使再分离后每一个固体都带有过量的正（或负）电荷，这种现象称静电现象。

静电问题是高分子材料加工和使用中一个相当重要的问题。一般来说，静电是有害因素。例如，在聚丙烯纺丝过程中，纤维与导辊摩擦产生的静电压可高达 $15kV$ 以上，从而使纤维的梳理、纺纱、牵伸、加捻、织布和打包等工序难以进行；在绝缘材料生产中，由于静电吸附尘粒和其他有害杂质，会使产品的的电性能大幅度下降；输送易燃液体的塑料管道、矿井用橡胶运输带都可能因摩擦而产生火花放电，导致事故发生。

关于接触起电的机理，研究表明与两种物质的电荷逸出功之差有关。电荷逸出功 U 是指电子克服原子核的吸引从物质表面逸出所需的最小能量。不同物质的逸出功不同。两种物质接触时，电荷将从逸出功低的物质向逸出功高的物质转移，使逸出功高的物质带负电，逸出功低的物质带正电。接触界面上的电荷转移量 Q 与两种物质的逸出功差 $U_1 - U_2$ 和接触面积 S 成正比。热力学平衡状态下，有：

$$Q = \alpha S(U_1 - U_2) \tag{6-14}$$

式中，α 为比例系数。

表 6-5 给出几种聚合物材料的电荷逸出功值。其中任何两种聚合物接触时，位于表中前面的聚合物将带负电，后面的带正电。高分子材料与金属接触时，界面上也发生类似的电荷转移。

表 6-5　几种聚合物材料的电荷逸出功

聚合物	逸出功/eV	聚合物	逸出功/eV
聚四氟乙烯	5.75	聚乙烯	4.90
聚三氟氯乙烯	5.30	聚碳酸酯	4.80
氯化聚乙烯	5.14	聚甲基丙烯酸甲酯	4.68
聚氯乙烯	5.13	聚乙酸乙烯酯	4.38
氯化聚醚	5.11	聚异丁烯	4.30
聚砜	4.95	尼龙 66	4.30
聚苯乙烯	4.90	聚氧化乙烯	3.95

摩擦起电的情况较复杂，机理不完全清楚。实验表明，聚合物与金属摩擦起电，带电情况与电荷逸出功大小有关。例如尼龙 66 与不同金属摩擦，对逸出功大的金属，尼龙带正电；对逸出功小的金属，尼龙带负电。聚合物与聚合物摩擦时，介电系数大的聚合物带正电，介电系数小的带负电。另外聚合物的摩擦起电顺序与其逸出功顺序也基本一致，逸出功高者一般带负电。

摩擦起电是一个动态过程，摩擦时一方面材料不断产生电荷，另一方面电荷又不断泄漏。但由于聚合物大多数是绝缘体，表面电阻高，因此电荷泄漏很慢。例如聚乙烯、聚四氟乙烯、聚苯乙烯、有机玻璃等的静电可保持数月。通常用起始静电量衰减至一半 $\left(Q = \dfrac{1}{2}Q_0\right)$ 所需的时间，表示聚合物泄漏电荷的能力，称为聚合物的静电半衰期。

6.5.2　静电的消除

由于静电给聚合物加工和使用带来很多危害，因此应尽量减少静电的产生和设法消除已产生的静电。一般说来控制静电产生较为困难，人们更关心的是如何提高材料的表面电导率或体积电导率，使静电尽快泄漏。

常用的除静电方法有在聚合物表面喷涂抗静电剂或在聚合物内填加抗静电剂。抗静电剂是一些具有两亲结构的表面活性剂，其分子结构通常为：R—y—x，分子一端 R 是亲油基，为 C_{12} 以上的烷基；另一端 x 是亲水基，如羟基、羧基、磺酸基等；y 是连接基。加入抗静电剂的主要作用是提高聚合物表面电导性或体积电导性，使迅速放电，防止电荷积累。例如喷涂在聚合物表面的抗静电剂，通过其亲水基团吸附空气中的水分子，会形成一层导电的水膜，使静电从水膜中跑掉。在涤纶电影片基上涂敷抗静电剂烷基二苯醚磺酸钾，结果片基表面电阻率降低 7~8 个数量级。另外，根据制造复合型导电高分子材料的原理，在聚合物基体中填充导电填料如炭黑、金属粉、导电纤维等也同样能起到抗静电作用。

6.5.3　静电的利用

① 静电除尘：可以消除烟气中的煤尘。
② 静电复印：可以迅速、方便地把图书、资料、文件复印下来。

③ 高压静电还能对白酒生产、醋酸和酱油的陈化有促进作用。陈化后的白酒、醋酸和酱油的品味会更纯正。

④ 专业生产防静电产品和电子辅助产品，系列有：离子风机、离子风枪、离子风棒、离子风嘴、离子风扇、静电除尘机、板面除尘机等。

⑤ 广泛应用于：精密电子产品生产；电子组装线，微电子生产，光电；医药制造组装线、印刷、包装；细小产品成型，塑料薄膜的剪切，圆圈和覆膜以及模具产品的脱模等。

项目七
高聚物的流变性能

高聚物熔体具有流动性，是高聚物成型加工的基础，高聚物的成型加工大多是在黏流态下进行的，在成型过程中，不可避免地要遇到熔体的流变性的问题。高聚物的流变性能是高聚物成型加工的理论基础，对高聚物成型加工方法选择、加工工艺条件、产品的设计和制备、最终产品的性能有明显影响。通过本项目中四个任务的学习，对高聚物的流变行为和流变规律有一定的认识，并结合成型实例，应用于解决成型中的实际问题。

7.1 学习目标

本项目的学习目标如表 7-1 所示。

表 7-1 高聚物的流变性能的学习目标

序号	类别	目标
1	知识目标	(1)掌握牛顿流体和非牛顿流体的流动特征 (2)知道影响高聚物熔体流动性能的因素 (3)掌握影响高聚物剪切黏度主要因素及其对制品成型加工的影响 (4)了解高聚物熔体的流动机理 (5)了解聚合物弹性效应产生的原因 (6)知道高聚物熔体弹性效应发生时的主要现象及对加工的影响
2	能力目标	(1)能够测试高聚物的熔融指数 (2)能够测试高聚物的表观黏度 (3)能够用毛细管流变仪测定高聚物的切黏度 (4)能够初步分析聚合物不稳定流动的原因并提出解决措施
3	素质目标	(1)细心观察，勤于思考的学习态度 (2)主动探索求知的学习精神 (3)理论结合实践的能力

7.2 工作任务

本项目的工作任务如表 7-2 所示。

表 7-2 高聚物的流变性能的工作任务

序号	任务内容	要求
1	测定 LDPE 树脂熔融指数	(1)掌握测试高聚物熔融指数的基本原理 (2)了解熔融指数仪主要部件 (3)能根据要求进行试样准备

续表

序号	任务内容	要 求
1	测定 LDPE 树脂熔融指数	(4)能够选择合适条件,完成样品熔融指数的测试,并完成熔融指数计算 (5)能够对测试结果进行分析
2	测试聚合物流变性能,选择合适的成型加工条件	(1)掌握毛细管法测试高聚物流动曲线的基本原理 (2)能根据要求进行试样准备 (3)能够按照操作规范完成样品流变性能的测试 (4)能够对测试结果进行分析 (5)能够结合高分子结构特点,分析影响聚合物流变性能的原因 (6)能够根据高分子的流变性能,选择该合适树脂的成型加工条件
3	测定高聚物从毛细管挤出时的离模膨胀比	(1)测定高聚物从毛细管挤出时的离模膨胀比,画出离模膨胀与毛细管长径比及剪切速率关系图 (2)分析离模膨胀与毛细管长径比的关系 (3)分析离模膨胀与高聚物材料种类的关系 (4)分析离模膨胀与剪切速率的关系 (5)分析所测结论对于生产成型时的加工工艺条件的选择有何意义
4	分组讨论在热塑性塑料的注塑加工中,注塑件产生熔接痕的原因和消除方法	(1)指出注塑件中常见的熔接痕的形式 (2)分析熔接痕产生的位置 (3)分析影响熔接痕的主要因素 (4)分析熔接痕对制品外观及使用性能的影响 (5)探讨从工艺条件、模具结构、高分子材料类型等方面减少或消除熔接痕的方法

7.3 牛顿流体和非牛顿流体

熔体流动的方式可以分为剪切流动和拉伸流动 (图 7-1)。

熔体流动过程中受到剪切应力、拉伸应力和压缩应力。剪切应力对高聚物的成型最为重要,因为成型时聚合物熔体或分散体在设备和模具中流动的压力降、所需功率以及制品质量等都受其制约;拉伸应力在塑料成型中也较重要,经常与剪切应力共同出现,例如吹塑成型中型坯的引申,吹塑薄膜时泡管的膨胀,塑料熔体在锥形流道内的流动及纤维的生产等;压缩应力对高聚物的成型影响一般不明显。

7.3.1 牛顿流体

① 层流和湍流。

② 牛顿流体流动定律:

$$\sigma_{切} = \eta\gamma$$

式中 $\sigma_{切}$ ——切应力;

γ ——切变速率;

η ——剪切黏度。

③ 雷诺数:$Re = R^2\rho\gamma_R/(2\eta)R > 2000$,层流→湍流。

对高聚物,一般 $R < 10$,不产生湍流。

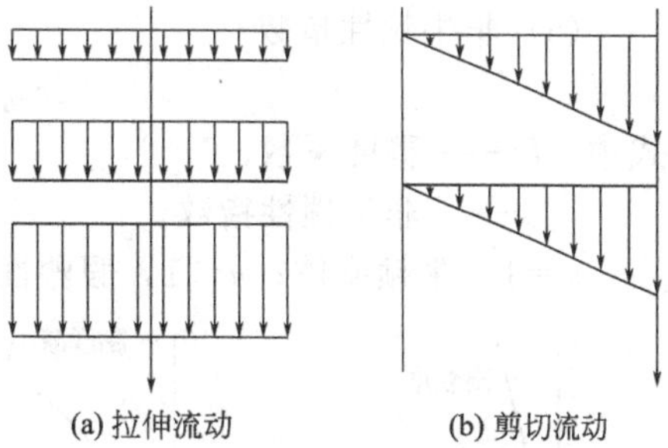

(a)拉伸流动 (b)剪切流动

图 7-1 拉伸流动和剪切流动的速度分布 (长箭头所指为流体流动方向)

7.3.2 非牛顿流体

非牛顿流动的类型:宾汉流体、假塑性流体、膨胀性流体 (图 7-2)。

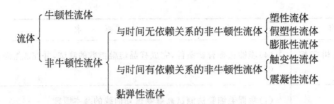

（1）宾汉流体

$$(\sigma - \sigma_y) = \eta \gamma$$

式中，σ_y 为屈服强度。

宾汉流体所以有这种行为，是因为流体在静止时形成了凝胶结构（例如牙膏、油漆、糊塑料），当外力超过 σ_y 时，这种三维结构即受到破坏，产生牛顿流动。

（2）假塑性流体

$$\gamma\uparrow \to \eta\downarrow （切力作用 \to 结构发生变化 \to 切力变稀）$$

假塑性流体为最普遍的一种流体。假塑性流体的表观黏度随剪切应力的增加而降低，其中原因与流体分子的结构有关。

对聚合物溶液来说，当承受应力时，原来由溶剂化作用而被封闭在粒子或大分子盘绕空穴的小分子就会被挤出，这样，粒子或盘绕大分子的有效直径即随应力的增加而相应地缩小，从而使流体黏度下降。

对聚合物熔体来说，造成黏度下降的原因在于其中大分子彼此之间的缠结。当缠结的大分子承受应力时，其缠结点就会被解开，同时还沿着流动的方向规则排列，因此就降低了黏度。缠结点被解开和大分子规则排列的程度是随应力的增加而加大。

（3）膨胀性流体（胀塑性流体）

$$\gamma\uparrow \to \eta\uparrow （切力作用 \to 结构发生变化 \to 切力增稠）$$

固体含量高的高聚物悬浮液，例如处于较高剪切速率下的PVC糊塑料等表现为膨胀性流体。

当悬浮液处于静态时，体系中由固体粒子构成的空隙最小，其中流体只能勉强充满这些空隙。当施加于这一体系的剪切应力不大时，也就是剪切速率较小时，流体就可以在移动的固体粒子间充当润滑剂，因此，表观黏度不高。但当剪切速率逐渐增高时，固体粒子的紧密堆砌被破坏，整个体系就显得有些膨胀。此时流体不再能充满所有的空隙，润滑作用因而受到限制，表观黏度就随着剪切速率的增大而增大。

（4）表观黏度

$$\eta_a = \sigma/\gamma$$

（5）非牛顿性指数

$$\sigma_切 = K\gamma^n，\quad \eta_a = K\gamma^{n-1}$$

式中　K——稠度系数；
　　　n——非牛顿性指数。

$n=1$，牛顿流体；$n<1$，假塑性流体；$n>1$，膨胀性流体（表7-3）。

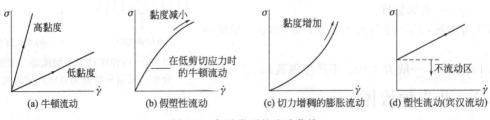

图7-2　各种类型的流动曲线

表 7-3　几种高聚物的流动指数 n 值

聚合物	温度/K	剪切速率 $\dot{\gamma}/\mathrm{s}^{-1}$	n	聚合物	温度/K	剪切速率 $\dot{\gamma}/\mathrm{s}^{-1}$	n
HDPE	453	100~1000	0.56	HIPS	463	100~7000	0.21
LDPE	433	100~4000	0.41	PS	463	100~4500	0.22
尼龙	498	100~2500	0.63	苯乙烯-丙烯腈共聚物	463	100~9000	0.21
PP	483	100~3000	0.25	热塑性聚烯烃	473	100~5000	0.27
PMMA	493	100~6000	0.19	OABS	443	100~5500	0.25
PC	553	100~1000	0.64		463	100~6000	0.25
HIPS	443	100~7000	0.20				

7.3.3　高聚物的黏性流动

（1）高聚物熔体的黏性流动

大多数高聚物熔体的黏性流动接近假塑性体。

其流动曲线包括三个区域：第一牛顿区、假塑性区和第二牛顿区（图 7-3）。

表现出三个黏度：η_0（零切黏度，$\gamma \to 0$ 时的黏度）、η_a（表观黏度）、η_∞（极限黏度）。

这是因为：

① 当剪切应力很小时，应度 γ 也非常小，大分子构象不改变，流动对结构无影响，所以流体呈现牛顿流动（缠绕结构破坏同时形成）。

② 随着剪切应力增大，应变 γ 逐渐增加，大分子构象发生改变，长链分子取向解缠，分子链彼此分离，更容易运动，表现为表观黏度 η_a 下降。

③ 当剪切应力 $\sigma_{切}$、应变 γ 较大时，大分子取向达到极限状态，取向程度不再随剪切应力的增大而增加，即表观黏度 η_a 不再随剪切应力变化而变化，呈现牛顿流动，此时的表观黏度即极限黏度 η_∞。

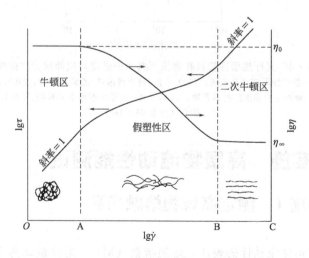

图 7-3　假塑性流体的对数流动曲线

（2）高聚物分散体系的流动特性

如果因为剪切作用使分散体系原有结构破坏，则体系的流动阻力减小，以致体系表观黏度随剪切应力增大而降低，这种现象称为"切力变稀"。反之，若在剪切过程中，因新结构形成而导致表观黏度随剪切应力的增大而增加的现象称为"切力增稠"。

7.3.4　拉伸黏度

① 假塑性流体的拉伸应变速率 ε 变化引起拉伸黏度 λ 变化，但变化幅度不如剪切速率变化引起的表观黏度的变化那么大。

② $\eta_拉$ 的形变速率 ε 依赖性（与材料品种有关）。对于低密度聚乙烯、聚异丁烯、聚苯乙烯等支化聚合物，单轴拉伸黏度 $\eta_拉$ 随形变速率 ε 上升而增大。而对于高密度聚乙烯、聚丙烯等聚合物，单轴拉伸黏度 $\eta_拉$ 随形变速率 ε 上升而下降；对于聚甲醛、尼龙、聚甲基丙烯酸甲酯、丙烯腈-丁二烯-苯乙烯共聚物等聚合物，单轴拉伸黏度 $\eta_拉$ 与形变速率 ε 无关。

③ $\eta_拉$ 与拉伸应力 σ_e 的关系。$\eta_拉$ 与拉伸应力 σ_e 的关系见图 7-4 所示，由图可见：$\eta_拉$ 与拉伸应力 σ_e 的关系随材料品种而有所不同：

丙烯酸酯类高聚物、缩醛类共聚物、尼龙 66 的 $\eta_拉$ 与拉伸应力 σ_e 无关，如图中曲线 3、4、5 所示，丙烯/乙烯共聚物的 $\eta_拉$ 则随着拉伸应力 σ_e 的增大而下降，如曲线 2 所示；低密度聚乙烯的 $\eta_拉$ 则随着与拉伸应力 σ_e 的增大而增大，如曲线 1 所示。

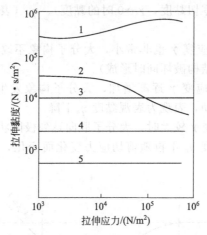

图 7-4　五种热塑性塑料在常压下典型的黏度对拉伸应力的曲线
1—挤出级低密度聚乙烯，170℃；2—挤出级丙烯/乙烯共聚物，230℃；
3—模塑级丙烯酸酯类高聚物，230℃；4—模塑级缩醛类共聚物，200℃；
5—模塑级尼龙 66，285℃

7.4　任务实施　高聚物流动性能测试

7.4.1　任务实施 1　测定高聚物熔融指数

（1）实施准备

查阅资料，了解熔体流动性的表征：熔融指数（MI）/熔体流动速率（MFR）；了解熔融指数（MI）的含义及测试方法；了解熔融指数仪的使用及操作要领；设计数据记录表格及数据处理方式。

（2）实施目的

① 掌握测试高聚物熔融指数的基本原理；

② 了解熔融指数仪主要部件；

③ 能根据要求进行试样准备；

④ 能够选择合适条件，完成样品熔融指数的测试，并完成熔融指数计算；

⑤ 能够对测试结果进行分析。

（3）任务实施

根据高分子材料检测实训指导书——聚合物熔体流动速率的测定的内容，选择合适条件，用熔融指数仪测定并计算 LDPE 树脂、HDPE 树脂、PP 树脂的熔融指数。

（4）结果分析

根据 LDPE 树脂、HDPE 树脂、PP 树脂的熔体流动速率测试结果，结合所学这些高分子的分子结构特点，对结果进行分析：探讨高聚物熔体的流动性依赖于基体树脂和添加剂、成型条件（温度、压力、剪切速率）。

思考

根据表 7-4 及表 7-5 所给 PP 树脂及 PE 树脂的熔体流动速率与成型方法的关系，试探讨高聚物熔体的流动速率与成型方法之间有何关系？

表 7-4　PP 的熔体流动速率与成型方法的关系

熔体流动速率/(g/10min)	成型方法	相应的制品
0.5～2	挤出成型	管、板、片、棒
0.5～8	挤出成型	单丝、窄带、撕裂纤维、双向拉伸薄膜
6～12	挤出成型	吹塑薄膜、T 型机头平膜
0.5～1.5	中空吹塑成型	中空容器
1～15	注射成型	注射成型制品
10～20	熔融纺丝	纤维

表 7-5　PE 的熔体流动速率与成型制品的关系

制品种类	熔体流动速率/(g/10min)	
	LDPE	HDPE
管材	0.2～2	0.01～0.5
板、片	0.2～2	0.1～0.3
单丝、牵伸带		0.1～1.5
重包装薄膜	0.3～2	<0.5
轻包装薄膜	2～7	<2
电线电缆、绝缘层	0.1～2	0.2～1.0
中空制品	0.3～4	0.2～1.5
注射成型制品	范围较宽	0.5～8
旋转成型制品	范围较宽	3.0～8

7.4.2　任务实施 2　测试聚合物流变性能，选择合适的成型加工条件

（1）实施准备

测试仪器：毛细管挤出流变计。

原料：PE、PP、ABS、PVC 树脂。

（2）实施目的

① 掌握毛细管法测试高聚物流动曲线的基本原理；

② 能根据要求进行试样准备；

③ 能够按照操作规范完成样品流变性能的测试；

④ 能够对测试结果进行分析；

⑤ 能够结合高分子结构特点，分析影响聚合物流变性能的原因；

⑥ 能够根据高分子的流变性能，选择该合适树脂的成型加工条件。

（3）任务实施

根据高分子材料检测实训指导书中用毛细管流变仪测定聚合物溶液的流动曲线的内容，选择合适条件，用毛细管流变仪测定 LDPE 树脂、HDPE 树脂、PP 树脂的软化点、熔融点、流动点的温度，并绘制塑化曲线。

（4）结果分析

根据 LDPE 树脂、HDPE 树脂、PP 树脂的软化点、熔融点、流动点的温度，及相应塑化曲线等测试结果，结合所学高分子的分子结构特点，对结果进行分析：探讨高聚物熔体的流动性与基体树脂和添加剂、成型条件（温度、压力、剪切速率）等的关系，并分析此结果对于成型加工工艺条件的选择有何参考意义，并形成分析报告。

7.4.3 影响高聚物熔体切黏度的因素

（1）温度

随着温度的升高，熔体的自由体积增加，链段的活动能力增加，分子间的相互作用力减弱，使高聚物的流动性增大，熔体黏度随温度升高以指数方式降低。表 7-6 给出了部分高分子化合物的熔体黏度与温度的关系。

表 7-6 高分子化合物熔体黏度与温度的关系（剪切速率：$10^3 \, s^{-1}$）

高分子化合物	温度(T_1)/℃	黏度(η_1)×10_1/Pa·s	温度(T_2)/℃	黏度(η_2)×10^2/Pa·s	黏度对温度的敏感性 η_2/η_2
LDPE	150	4	190	2.3	1.7
HDPE	150	3.1	190	2.4	1.3
软质 PVC	150	9	190	6.2	1.45
硬质 PVC	150	20	190	10	2.0
PP	190	1.8	230	1.2	1.5
PS	200	1.8	240	1.1	1.6
POM(共聚物)	180	3.3	220	2.4	1.35
PC	230	21	270	6.2	3.4
PMMA	200	11	240	2.7	4.1
PA-6	240	1.75	280	0.8	2.2
PA-66	270	1.7	310	0.49	3.5

① 在高聚物的流动温度至分解温度之间，即有限的实用加工温度区间，高聚物的熔体黏度与温度关系符合下式：

$$\eta = A e^{\Delta E_\eta / RT}$$

式中 ΔE_η——流动活化能，表征熔体切黏度的温度依赖性。

② 当高聚物分子量较小时，流动活化能 ΔE_η 随聚合物分子量的增加而增大。

当高聚物分子量在数千以上时，ΔE_η 不再随分子量增加而增大，熔体流动时高分子链为分段移动，整个高分子链质量中心的移动通过分段运动的方式实现。

③ 在非牛顿区，ΔE_η 对 γ 有很大的依赖性。在高 γ 时，熔体温度敏感性比低 γ 时小得多。

当高聚物分子链刚性越大，ΔE_η 越大，如，PC、PMMA、PA 等刚性较大的高分子的流动活化能也较大，熔体流动性对温度的敏感性越大。

流动活化能 ΔE_η 随分子链柔性的增大而降低，如 PE、POM 等柔性高分子具有较低的流动活化能，熔体流动性对温度的敏感性越低。

④ 成型工艺条件的选择。在选择成型工艺条件时，要综合考虑温度与剪切力（压力、剪切速率、螺杆转速）对熔体流动性的影响；例如，有些高分子的熔体流动性对温度敏感性较低，在成型时，提高温度对于改善流动性效果有限，温度过高还会导致材料性能变差甚至发生分解，应考虑通过增加剪切力的方式改善流动性能。

图 7-5 及图 7-6 显示了 PC 的熔融黏度与温度的关系。

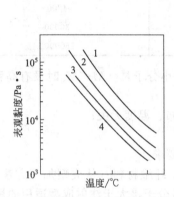

图 7-5 PC 的熔融黏度与温度的关系
1—MFR3；2—MFR6；3—MFR10；4—MFR15

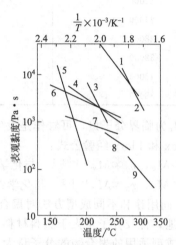

图 7-6 不同高分子化合物的熔融黏度与温度的关系
1—PS；2—PC；3—PMMA；4—PP；5—醋酸纤维素；
6—HDPE；7—POM；8—PA；9—PET

（2）剪切力和剪切速率的影响

剪切力和剪切速率增加，使分子取向程度增加，从而黏度降低。升温和加大剪切力（或速率）均能使黏度降低而提高加工性能，但对于柔性链和刚性链的影响到不一样，对于刚性链宜采用提高温度的方法，而对柔性链宜采用加大剪切力（或速率）的方法。

图 7-7 给出了 PP 的熔体黏度与剪切速率的关系。

（3）压力

液体的黏度是自由体积决定的，压力增加，自由体积减小，分子间的相互作用增大，自然导致流体黏度升高。

对于高聚物熔体（可压缩流体），成型压力增加 10MPa，则熔体体积收缩 1%，分子间距离减小，分子间的相互作用力增大，熔体粘度 η 增加，流动性下降。

压力增大对流动性的影响与温度降低的影响相似，但影响不明显，因为压力增大使流动性降低的同时，切变速率增大又会造成流动性增加（对于假塑性流体更为显著），因而掩盖了压力增大造成的影响。

（4）相对分子质量

黏性流动主要是分子链间的相对位移；分子量增大，流动体积增大，流动黏度上升。表 7-7 给出了 PE 相对分子质量与熔体流动速率、熔融黏度之间的关系。

对于加成聚合物，相对分子质量低于临界值 M_c（即缠结相对分子质量）时，有：

$$\eta_0 = K\overline{M}_w^{1.0\sim1.6}$$

相对分子质量高于 M_c 时，有：

$$\eta_0 = K\overline{M}_w^{3.4\sim3.5}$$

此规律为 Fox-Flory 经验方程（或称 3.4 次方规律）。柔顺性越大的高分子，越易缠结，使流动阻力增大，因而零切黏度急剧增加，分子量小于 M_c 时，分子这间虽然也可能有缠结，但是解缠结进行得极快，致使未能形成有效的拟网关结构。

表 7-7　PE 相对分子质量与熔体流动速度、熔融黏度之间的关系

数均相对分子质量($\overline{M}_{r,n}$)	熔体流动速率/(g/10min)	熔融黏度/Pa·s(190℃)
19000	170	45
21000	70	110
24000	21	360
28000	6.4	1200
32000	1.8	4200
48000	0.25	30000
53000	0.005	1500000

① M_c 为临界分子量，可看作是发生分子链缠结的最小分子量。$M < M_c$ 时没有高弹态。

② Fox 和 Flory 经验公式：

$M_w > M_c$，$\eta_0 \propto M_w^{3.4 \sim 3.5}$　　与化学结构，分子量分布、温度无关；

$M_w < M_c$，$\eta_0 \propto M_w^{1 \sim 1.6}$　　与化学结构和温度有关。

③ 不同用途和不同成型方法对聚合物分子量有不同要求。

一般地，橡胶分子量大于塑料材料，后者分子量大于纤维材料；从成型加工方法来看，一般挤出成型适用的聚合物的分子量大于吸塑成型，后者分子量大于注射成型适用的聚合物的分子量。

相对分子质量、压力、填充剂、温度、增塑剂对高分子熔体粘度的影响趋势见图 7-8 所示。

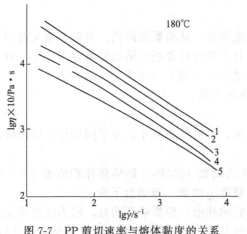

图 7-7　PP 剪切速率与熔体黏度的关系

PP 的熔体流动速率分别为：1—0.7；
2—1.4；3—5.0；4—11；5—25

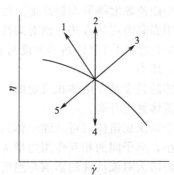

图 7-8　各种因素对高分子
化合物熔体黏度的影响

1—相对分子质量；2—压力；3—填充剂；
4—温度；5—增塑剂或溶剂

（5）分子量分布的影响

① 分子量分布宽越宽、其中的小分子相当于增塑剂，熔体流动性好，在更低剪切速率时出现非牛顿流动。

② 分子量分布宽对高聚物的某些力学性能有不良影响。分子量分布很窄的高聚物，黏度较高，更难混炼、挤出或模塑加工。例如 NR（加工性能很好），乳聚 SBR（加工性能好），溶聚 SBR（加工性能较差）。

　　高聚物熔体出现非牛顿流动时的切变速率随分子量的加大而向低切变速率移动。相同分子量时，分子量分布宽的出现非牛顿流动的切变速率值比分子量分布宽的要低得多。分子量分布较窄的或单分散的高聚物，熔体的剪切黏度主要由重均分子量决定。而分子量分布较宽的高聚物，其熔体黏度却可能与重均分子量没有严格的关系。两个重均分子量相同的同种高聚物试样，分子量分布较宽的可能比单分散试样具有较高的零切黏度。

　　图 7-9 给出了分子量和分子量分布不同对高聚物熔体黏度的影响。

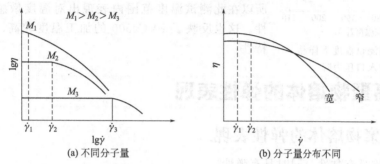

图 7-9　分子量和分子量分布不同对高聚物熔体黏度的影响

　　（6）分子链支化的影响

　　分子链支化对熔体黏度和流动性影响大。

　　长支链的影响更为显著：随着分子链变化程度增加，分子之间相互作用较小，黏度降低，熔体流动性随之增大。例如，LDPE、LLDPE、HDPE 的加工性能的差异就是由于分子链支化程度不同所致。

　　（7）熔体结构的影响

　　熔体结构在较低温度时有颗粒结构，熔体流动中有颗粒流动。例如，在 $160 \sim 200℃$ 下，乳聚 PVC 在相同 η 下比悬浮 PVC 小好几倍，悬浮 PVC 需预热（捏合）。

　　在挤出加工时，PVC 熔体虽有颗粒流动，但对制品性能无明显影响，并减少取向的产生。

　　（8）共混组分、添加剂（增塑剂、润滑剂、增强剂、惰性填料）的影响

　　共混体系中，黏度低组分形成连续相，而黏度较高的组分形成分散相，从而导致体系黏度下降。例如，硬 PVC/AR 的黏度较硬 PVC 体系黏度下降，PPO/PS 等共混体系的黏度较 PPO 黏度降低。

　　共混物黏度：$\lg\eta = \varphi_1\lg\eta_1 + \varphi_2\lg\eta_2$（$T$、$\gamma$ 恒定时，φ 为体积分数）

　　[阅读资料]

　　高聚合度聚氯乙烯凝胶特性的研究如下。

　　高聚合度聚氯乙烯（HPVC）是指平均聚合度在 1700 以上或其分子间具有轻微交联结构的 PVC 树脂。其中，以平均聚合度为 2500 的 HPVC 最为常见。与通用 PVC 相比，HPVC 具有较高的回弹性、较低的压缩永久变形、优异的耐热变形、较高的拉伸强度以及优良的耐磨性等性能。HPVC 制品硬度随温度变化小，具有橡胶材料的消光性。但 HPVC 存在熔体表观黏度大、挤出压力大、加工温度要求较高的问题，这与 HPVC 的凝胶化特性有关。

　　凝胶化是指 PVC 在加工时受到热和剪切作用，颗粒形态被破碎、微晶熔融、散开并在冷却时重新结晶，形成以微晶为分子链缠结点的三维网络结构的过程。

　　图 7-10 为不同 PVC 样品的入口压力降。从图中可看出，PVC2500 的入口压力降大于 PVC1000 的，说明 PVC2500 的熔体弹性较大。另外，PVC2500 的入口压力降受测试温度的影响不大，而 PVC1000 的入口压力降却随着测试温度的升高而下降。

　　这是由于在测试温度下，PVC1000 已基本熔融，分子间的阻力减少，分子链的运动速

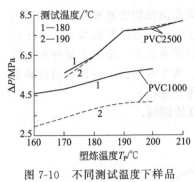

图 7-10 不同测试温度下样品的毛细管入口压力降

度受温度的影响较大。温度升高，运动速率加快，流动性增加，熔体黏度降低，使入口压力降变低，表现出对温度的敏感性较高。而 PVC2500 在测试温度下还没有充分熔融，分子间的缠结没有充分解开，在 190℃ 的温度下仍未提供足够的使分子链解缠结进而自由活动的能量，分子间相对运动的阻力仍较大，其流动性没有得到明显的改善，所以在此测试温度范围内表现出对温度敏感性不高的特性。这也反映了 PVC2500 的加工温度较高、加工困难的特性。

7.5 高聚物熔体的弹性表现

7.5.1 高聚物熔体的弹性表现

聚合物熔体具有黏性，同时具有弹性。

弹性表现在：爬杆现象、入口效应、离模膨胀、不稳定流动现象。

聚合物熔体的弹性形变及其松弛与产品外观、尺寸稳定性、内应力等有密切关系。

聚合物熔体在切应力作用下发生黏性流动、弹性形变。

分子量大、作用时间短、流动速度快，则弹性形变较大。

对于聚合物熔体，在受到切应力、法向应力、速度梯度（流线收敛时）、拉伸应力等作用时，都会发生弹性形变。

（1）法向应力效应

法向应力是高聚物熔体弹性的主要表现。当高聚物熔体受到剪切作用时，通常在和力 F 垂直的方向上产生法向应力。除了作用在流动方向上的剪切应力外，还有分别作用在空间相互垂直的不相等的三个方向上的法向应力 σ_{11}、σ_{22} 和 σ_{33}，这是由高聚物熔体的弹性效应造成的。

第一法向应力差＝$\sigma_{11}-\sigma_{22}$ 第一法向应力有使剪切平板分离的倾向。

第二法向应力差＝$\sigma_{22}-\sigma_{33}$ 第二，第三法向应力有使平板边缘处的高聚物产生突起的倾向。

第三法向应力差＝$\sigma_{33}-\sigma_{11}$

$$\sigma_{11}+\sigma_{22}+\sigma_{33}=0$$

由于法向应力差的存在，在高聚物熔体流动时，会引起一系列在牛顿流体活动中所曾见到的现象。

（2）韦森堡（Weisenberg）效应

当高聚物熔体或浓溶液在各种旋转黏度计中或在容器中进行电动搅拌时，受到旋转剪切作用，液体会沿内筒壁或轴上升，发生包轴或爬杆现象，这类现象称为韦森堡效应。

（3）可回复的切形变

与 η 相比，高聚物熔体的切模量 G 对液压、温度并不敏感，但显著依赖于高聚物的分子量和分子量分布。分子量大和分子量分布宽时，熔体弹性特别明显。

从松弛时间 τ 理解：随着分子量大，熔体黏度 η 增大，松弛时间 τ 增长，松弛慢；随着分子量分布宽熔体的切模量 G 减小，松弛时间 τ 分布也宽，弹性表现显著。

（4）入口效应

塑料熔体挤出通过一个狭窄的口模时，会有很大的压力降，这种现象称为入口效应。挤出成型过程中，口模段的压力变化情况见图 7-11。

入口压力降 Δp ＝口模入口处的压力降 Δp_{en} ＋口模内的压力降 Δp_{di} ＋口模出口压力降 Δp_{ex}

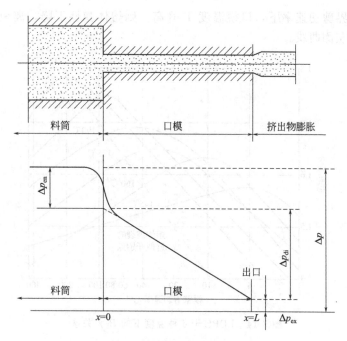

图 7-11　口模挤塑过程的压力分布

7.5.2　离模膨胀（挤出物胀大）

当高聚物熔体从小孔、毛细管或狭缝中挤出时，挤出物的直径或厚度会明显大于模口的尺寸，这种现象叫做挤出物胀大，又称为巴拉斯（Barus）效应或称离模膨胀。

挤出物膨胀比：$B = D/D_0$。

式中，D 为挤出物出口时的直径或厚度（未经拉伸时）；D_0 为相应模口尺寸。

（1）离模膨胀原因分析

① 大分子沿流动方向取向，口模出口处，产生解取向。

② 从大直径料筒进入小直径的口模，产生弹性形变，离模后弹性形变恢复（图 7-12）。

③ 黏弹性流体在口模内的剪切应变，在熔体离开口模后，原来的剪切应变垂直于剪切方向发生形变，表现为熔体的流动速度在不同方向发生了变化，产生离模膨胀（图 7-13）。

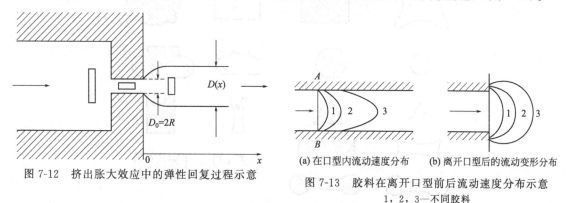

图 7-12　挤出胀大效应中的弹性回复过程示意

（a）在口型内流动速度分布　　（b）离开口型后的流动变形分布

图 7-13　胶料在离开口型前后流动速度分布示意

1，2，3—不同胶料

（2）挤出物膨胀比的影响因素

① 口模长径比 L/D 一定时，随着剪切速率提高（即螺杆转速增大），膨胀比 B 增加。

② 在低于临界剪切速率下，口模温度 T 升高，则熔体弹性下降，离模膨胀比 B 减小，如图 7-14 中虚线左侧曲线。

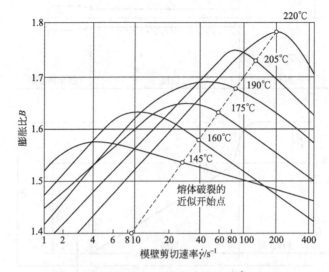

图 7-14　LDPE 于 6 种温度下的 B-$\dot{\gamma}$ 关系

③ 在低于熔体破裂的临界剪切应力下，离模膨胀比 B 随剪切应力的增大而增大。

④ 剪切速率恒定时，离模膨胀比 B 随口模的长径比 L/D 增大而减小，长径比增大到一定程度，膨胀比 B 减小到一定值后不再继续减小。

⑤ 熔体在口模内停留时间延长，离模膨胀比 B 会随之减小。

⑥ 离模膨胀比与聚合物种类有关。

聚合物的分子量越大，或分子量分布越窄，则离模膨胀比越大；聚合物支链化程度越大，则离模膨胀比越大；填料比例增大，或填料刚性增加，都会降低离模膨胀比。

（3）对高聚物加工的影响

① 对挤出加工的口模形状设计的影响。由于挤出膨胀，在设计口模形状时，口模截面形状与制品截面形状不完全相同，存在差异，如图 7-15 所示。

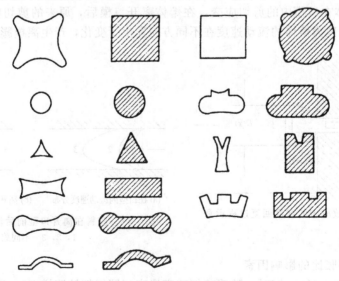

图 7-15　口型和挤出半成品的差异

② 挤出成型模具长径比、平稳段长度。测定高聚物从毛细管挤出时的离模膨胀比，得出离模膨胀比与毛细管长径比及剪切速率如图 7-16 所示。

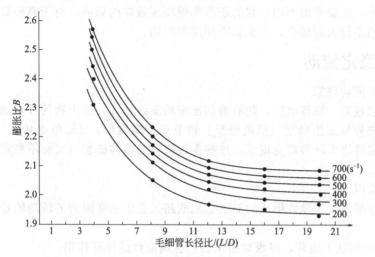

图 7-16 离模膨胀比与毛细管长径比及剪切速率的关系

③ 挤出工艺条件。不同塑料和制品要求不同的螺杆特性和工艺条件，工艺条件影响制品质量。

a. 温度。塑料的塑化情况直接影响制品外观和物性，而温度和剪切作用影响塑化。

一般来说，加料段温度不宜过高，而压缩段和计量段的温度可取高一些，机头温度必须控制在塑料热分解温度以下，且保证熔体有良好的流动性。

温度升高可使黏度下降，利于塑化，并使口模压力降低，出料快；但如机头口模温度过高，挤出物挺性差，可能制品发黄，有气泡，不能顺利挤出。

温度降低可使黏度增大，机头口模压力增加，制品密度大，挤出物挺性好，但挤出膨胀较严重，可增大牵引速度，减少因膨胀引起的壁厚增加；但温度过低，则塑化效果差，黏度太大，消耗功率增加。

另外，还应注意口模和型芯的温度应一致，若相差太大，则制品会向内或向外翻甚至扭歪。

b. 挤出速度。单位时间内由挤出机从机头口模中挤出的塑料量或制品长度，以 kg/h 或 m/min 表示，代表挤出成型生产的实际生产效率。

在挤出机、螺杆结构和机筒条件一定的情况下，使用不同的塑料品种或不同的机头口模成型不同制品时，挤出速度之间会有很大差异，所以设计机头口模时，要注意机头口模需要的生产效率必须与挤出机允许使用的生产效率相适应。

当塑料品种和挤出制品一定的情况下，挤出速度仅与螺杆转速有关。调整螺杆转速是控制挤出速度的主要措施之一。

当挤出速度在生产过程中波动时，会损害制品形状和尺寸精度，为保证挤出速度均匀，需要：设计与制品相适应的螺杆结构和尺寸。

严格控制螺杆转速。

严格控制挤出温度、防止因温度波动而引起的挤出压力和熔体黏度的变化。

注意料斗的加料情况，保证加料速度不出现非正常的变化。

c. 牵引速度需要与挤出速度相配合。

牵引比＝牵引速度/挤出速度≥1（略大于），以消除由离模膨胀引起的制品尺寸变化，使拉伸制品适度大分子取向。

　　d. 冷却定型时间。冷却定型时间的选择除了要考虑成型温度、制品厚度、材料导热性能等因素影响外，还要考虑不同形状的制品离模膨胀效应的影响，对于离模膨胀比较大，或要求制品尺寸精度较大的场合，应延长冷却定型时间。

7.5.3　不稳定流动

　　(1) 不稳定流动现象

　　剪切速率超过某一临界值后，随着剪切速率的继续增大，挤出物的外观依次出现表面粗糙、凹凸不平或外形发生畸变（呈波浪形、竹节形、螺旋形）（鲨鱼皮状）、尺寸周期性起伏，直到破裂成碎块等种种畸变现象，这些现象统称为熔体破裂（又称不稳定流动、湍流）。如图 7-17 所示。

　　(2) 产生原因

　　主要是熔体弹性，当弹性形成的储能达到或超过克服黏滞阻力的流动能量时，导致不稳定流动。

　　① 熔体在口模壁上滑动，口模对挤出物产生周期性的拉伸作用。

　　② 剪切速率在管道中径向分布不均，大分子的弹性形变和弹性贮能存在差异，层流结构被破坏。

　　③ 与熔体的弹性恢复有关；口模内熔体各处受应力作用历史不同，离模后弹性恢复不可能一致。

　　(3) 影响因素

　　包括材料（塑料的种类和添加剂）；工艺（温度、挤出速率、剪切速率）；模具结构（口模的 L/D、入口角、口模材料）和设备；制品结构。

　　图 7-18 为聚乙烯熔体在不同温度下的临界剪切应力的测试结果，该图表明，熔体温度越高，其发生不稳定流动的剪切速率及剪切应力值均可相应提高。

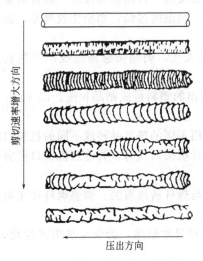

图 7-17　生胶和胶料压出时，胶条
表面出现畸变和不稳定流动示意

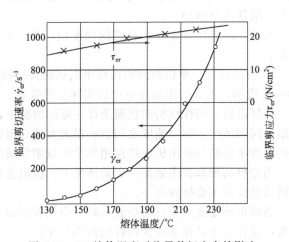

图 7-18　PE 熔体温度对临界剪切应力的影响

　　熔体的临界剪切应力值还与高分子的分子量有关，高分子的平均分子量越大，其发生不稳定流动的临界剪切应力值越大，图 7-19 为几种高分子熔体的平均分子量与临界剪切应力的关系图。

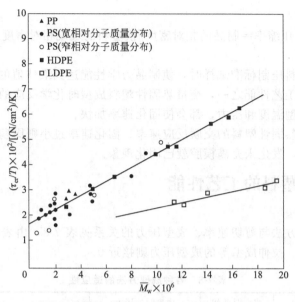

图7-19 高分子熔体的平均分子量与临界剪切应力之间的关系

7.6 高聚物的加工性能

7.6.1 热固性塑料的工艺性能

（1）收缩率

$$S_L = (L_0 - L)/L_0 \times 100\%$$

热固性塑料成型时产生收缩的原因主要为：在成型固化过程中发生交联，聚合物化学结构由线型结构变成体型结构，密度改变，体积减小；另外，塑料与金属的热膨胀系数相差很大、聚合物弹性回复和塑性变形（压力的影响）都是造成热固性塑料成型时收缩的原因。

影响聚合物收缩率的因素很多，如工艺条件（温度、压力、成型时间等）、模具和制品的设计（模具的结构、材料、制品的形状、厚度）、塑料的性质（热膨胀系数、交联收缩率）等因素都会造成收缩率的变化。

（2）熔体流动性

原料及模具设计等都对聚合物熔体流动性产生影响。

原料方面的影响，如树脂的分子结构、树脂的分子量、分子量分布、水分含量，填料的形状和用量，增塑剂（量大，则流动性增加）用量等都会影响熔体的流动性。

此外，模具型腔表面光洁度、流道形状、模具结构、模具温度也对熔体流动性产生一定影响。

在制品设计时，也要考虑制品对材料的流动性的要求，形状复杂或薄壁制品要求模塑料有较大流动性；同时还要注意，流动性太大，容易造成溢料、产生气泡等问题。

（3）水分与挥发分

原料中水分与挥发分含量高，会造成制品内部含有气泡，降低材料力学性能；对于某些聚合物，水分含量高，还会导致聚合物在加工温度下分解。

（4）细度与均匀度

细度是指塑料颗粒直径的毫米数，均匀度是指颗粒间直径大小的差数。用过筛分析（目数）来衡量。

（5）压缩率

$$压缩率＝制品的相对密度/模塑料的表观相对密度$$

（6）固化速率

固化速率指用塑料压制标准试样时，使制品力学性能达到最佳值的速率（s/mm 厚度）。固化速率是最重要的工艺性能之一，衡量热固性塑料成型时化学反应的速率。

预压、预热、成型温度和压力，都会使固化速率加快。

固化速率决定于热固性塑料的交联反应速率。固化速率过小则周期长，效率低；固化速率过大则流动性下降，发生未充满模腔就已固化现象。

7.6.2　热塑性塑料的工艺性能

（1）加工工艺方法

热塑性塑料成型方法与剪切速率、成型压力的关系见表 7-8，由表可知，注塑成型时压力最高，而发泡成型、拉伸成型等的成型压力则接近 0。

表 7-8　各种成型方法的适应性

成型方法		成型时剪切速率范围/s^{-1}	成型时的压力/MPa	制品实例
一次成型	挤出成型	$10^2 \sim 10^3$	几至数十	片、薄板、薄膜、管、棒、网、异形材、电线电缆
	注射成型	$10^3 \sim 10^4$	高压：50～200 低压：<30	齿轮、日用品、保险杠、浴缸、型框
	模压成型	1～10	几	MF 餐具、连接器件
	传递模塑成型		10～20	电器制品（零件）
	层压成型		高压>5，低压 0～5	化妆板、安全帽
	吹塑成型		几	瓶、罐、鼓状物
	压延成型	10～10^2		PVC 人造革
	发泡成型		零点几至几	隔热材料、PS 泡沫、托盘
	拉伸			PET 膜、OPP
	其他（浇铸成型、回转成型、RIM 等）	约 10		
二次成型	加热加压成型 真空成型 加压成型 冲压成型		约 0.1 零点几 几	容器、罩、托盘、广告牌 汽车顶板、混凝土、型框
	粘接（含熔接）			
	机械加工（切断、穿孔、弯曲等）			
	表面处理（涂装、表面硬化、静电植绒、印刷等）			

流痕部分强度试验用试样见图 7-20。剪切速率与分散相数均粒径的关系见图 7-21。

（2）成型收缩率

温度越高则热收缩现象明显，收缩率与受热时间长短也有关系。另外，剪切压力下熔体发生弹性形变，对材料的收缩率也有影响；熔体在口模内发生取向、出口模后发生解取向，在不同方向的流动速率不同，也会影响制品在不同方向的收缩率。

一般来说，结晶聚合物的成型收缩率远大于无定型聚合物的收缩率，在设计模具形状及选择工艺条件时，对于聚合物材料的具体情况都要加以考虑。

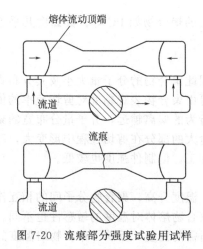

图 7-20 流痕部分强度试验用试样

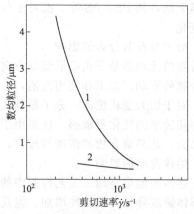

图 7-21 剪切速率与分散相数均粒径的关系
1—PPO/PA-6(48/52 质量分数)
2—PP/PA-6(30/70 质量分数)

（3）流动性（流变性）

熔体流动速率 MFR，与聚合物材料（树脂和助剂）和成型条件（温度、压力、剪切速率）都有密切关系，要根据具体情况，在配方及工艺条件进行调整，来获取适合的流动性。

（4）耐热稳定性

不同的聚合物的热稳定性存在很大差异，对于容易分解的聚合物，在加工时，除了要注意添加合适的热稳定剂外，还要注意避免在高温下加工、避免聚合物在高温下受热时间过长、避免体系中存在会促进聚合物分解的组分，提高流动性应考虑提高熔体剪切速率等。

（5）聚合物的结晶性

结晶性高聚物在加工成型过程中会发生不同程度的结晶，结晶聚合物的成型加工条件及制品的性能都有重要影响。结晶性高聚物的熔点温度决定聚合物加工熔限。化学结构相似而结晶度较大的聚合物成型加工温度较高。结晶过程中结晶速率的快慢直接决定了制品的成型加工周期，结晶越快，冷却时间越短，而结晶越慢，加工成型周期变长。聚合物结晶颗粒的尺寸对制品的透明性、表观形态和力学性能也有非常大的影响。因此结晶在聚合物的成型加工过程中占有举足轻重的低位。

（6）尺寸允许误差和尺寸稳定性

由于聚合物具有黏弹性，在恒定外力（包括自身质量）作用下，易产生蠕变现象，导致制品的尺寸不稳定。一般说来，柔性链的聚合物抗蠕变能力较差，而刚性链的聚合物则较强。对于要求尺寸误差小的制品，应选择刚性的聚合物材料，并在配方时考虑添加刚性填料，同时，提高模具尺寸精度，并注意选择合适的成型条件（温度、压力、定型时间），以减小尺寸误差。

7.6.3 影响材料流变性能的几个重要因素

材料的流变特性是其内在结构的反映，流变行为的发生是在一定的剪切速率和剪切应力作用下，聚合物分子间缠结态被破坏，分子重新取向排列，阻力减小，流体黏度下降。聚合物的流变行为随其分子链结构、链间结构化程度、分子量及其分布等因素的变化而相应变化。

（1）分子链结构的影响

在分子量相同时，分子链的支化及支链长度对聚合物黏度有很大影响。一般具有短支链的聚合物的黏度小于直链型聚合物，长链支化聚合物的黏度变化较为复杂，但黏度一般高于直链型聚合物。另外，柔性分子链的聚合物的分子链段取向容易，故其黏度随剪切速率的增加而明显下降，如 PE、PS 等，而对于分子链刚性大的聚合物如 PC 等，其黏度几乎不随剪切速率变化。

（2）分子量及其分布的影响

聚合物的流动是分子重心沿流动方向的位移，因此聚合物的分子量大小及其分布直接影响到聚合物的流动、加工和使用性能，它们的关系可由聚合物表观黏度对剪切速率的依赖性来反映。对于切力变稀流体，分子量越大，对牛顿行为的偏离越远，分子量分布宽的聚合物黏度对剪切速率的变化更敏感。这是由于其中分子量大的部分在剪切过程中形变大，对黏度下降贡献大，此类聚合物的流动性较好，易于成型加工，但制件强度也较低。

（3）熔体温度的影响

加工熔体的温度是加工工艺控制中的重要环节。温度升高，聚合物分子间的相互作用力减弱，熔体黏度降低，流动性增加。但是不同种类聚合物熔体对温度的敏感性也不同。黏流活化能是指高分子链流动时用于克服分子间作用力所需的能量，反映了聚合物对温度的敏感性。黏流活化能越高，说明聚合物对温度越敏感。对有较高活化能的材料，在实际加工过程中可通过适当升高温度的方法来增加物料的流动性，提高加工性能，但同时要保持加工温度的恒定，避免熔体黏度发生波动，造成成型不稳定的后果。

（4）剪切速率的影响

聚合物非牛顿行为特征就是黏度对剪切速率的依赖性，主要表现在聚合物熔体在高剪切速率下可能比低剪切速率下的黏度小几个数量级；不同聚合物的熔体黏度随剪切速率增加而下降的速度不一样。例如聚丙烯（PP）、聚萘二甲酸乙二酯（PEN）的黏度随剪切速率下降很快，而聚对苯二甲酸乙二酯（PET）和聚对苯二甲酸丁二酯（PBT）的黏度降低速度相对要小。

7.6.4　调整注塑工艺参数以改变材料的流变性能

（1）塑化熔融程度

塑化熔融程度经常以熔体中完全达到黏流态的熔体量来衡量。如果塑化熔融程度较高，熔体在分隔后汇合过程中分子链段的扩散运动能力强，熔接痕就会减小或消失。但塑化熔融程度高并不意味着提高熔体温度，提高熔体温度可能导致熔体分解或者汇合后定型时收缩过大。注塑机是向模具提供熔体的设备，因而在调整注塑工艺时应控制机筒的加热温度，控制好充模速度与保压压力及模具温度等。

（2）熔体温度和模具温度

由于熔体黏度和高分子链段的热运动强烈地依赖于温度，升高料筒温度或喷嘴温度能降低熔体黏度，加快链段热运动能加速材料的松弛过程，使熔体进入型腔后仍具有较高温度和较强活动能力，还可减小熔体与型腔壁接触时形成的凝结层厚度；增大熔体流动通道截面积有利于熔体料流前锋充分熔合，分子链能充分扩散和相互缠结，提高熔接痕区域的强度。

提高模具温度可以使熔体进入型腔后的冷却速率变慢，使熔体分子保持较强活动能力的时间较长，还可减小熔体与型腔壁接触时形成的凝结层厚度。

熔体缓慢冷却又使熔接痕处于取向应力状态下的分子链有较长的时间松弛，对注塑制品总体强度和熔接痕强度都有利。

模具温度对熔接痕的影响与材料有关，对于无定形塑料，模具温度对熔接痕的影响不大甚至没有影响；而对于结晶性塑料，熔接痕的性能对模具温度非常敏感；对于半结晶性塑料，模具温度的影响更大。因为在半结晶性、结晶性塑料中，聚合物形态不只依赖于取向，还取决于结晶程度，而结晶程度又依赖于冷却速率，冷却速率越慢，结晶程度越大，结晶度越高，垂直取向越弱，表面 V 形缺口越轻微，熔接痕处强度越大。

提高模具温度引起晶粒增大对于熔接痕强度不利的倾向可通过选用含成核剂的材料来解决。

（3）充模速度和注射时间

提高充模速度或缩短注射时间将减少熔体波前锋汇合前的流动时间，减少热耗散，并加强剪切生热，使黏度下降，增加流动性，并且熔体温度回升，从而提高了熔接痕强度。对于低熔体质量流动速率的剪切敏感性聚合物来说，提高充模速度或缩短注射时间，可降低黏度，使分子链在熔接痕区进一步松弛。

（4）注塑压力和保压压力

提高注塑压力有助于克服流道阻力，把压力传递到波前锋，使熔体在熔接痕处以高压熔合，增加熔接痕处的密度，并且令分子链沿压力方向伸展，使熔接痕强度提高。

（5）热处理

由于熔接痕处往往存在应力集中，所以热处理可以为注塑制品中处于成型应力状态下的分子链提供松弛条件，能消除或大大减小在成型过程中形成的内应力，有助于改善制品的外观和力学性能。

7.6.5　熔接痕

熔接痕是指两股流动的塑料熔体相接触而形成的形态结构和力学性能都完全不同于塑料其他部分的三维区域。熔接痕受成型工艺影响很大，在不同的工艺条件下，熔接痕区的强度可以是原始材料的10%～90%，严重影响和限制了注塑制品的正常使用。

（1）熔接痕的分类及其形成

① 熔接痕的分类。注塑制品中最常见的熔接痕分3种类型。

一种是注塑制品因为结构特点或尺寸较大，为减小熔体流程和加速充满型腔，采用两个或两个以上的浇口，从不同浇口进入型腔的熔体前锋相遇而形成熔接痕，这种熔接痕叫冷接痕（或称对接痕），如图7-22（a）所示；另一种是由于制品中存在孔、嵌件等引起熔体分开再汇合而形成熔接痕，这种熔接痕叫热接痕（或称合并痕），如图7-22（b）所示；另外，还有一种是由于充模时熔体前沿的"喷泉"式流动或壁厚不均引起的熔接痕。熔接痕常见的形式见图7-23。

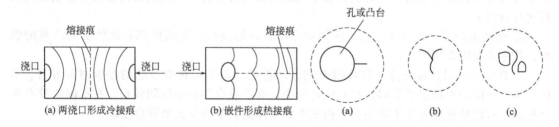

图 7-22　注塑制品中两种常见的熔接痕　　　　图 7-23　熔接痕常见的形式

② 熔接痕的形成过程。熔接痕的形成过程如图7-24所示。

a. 当两股熔体前沿尚未汇合以前［如图7-24（a）所示］，熔体前沿的压力为零，而前沿的泉涌流动使熔体前沿的分子受到拉伸，前沿的分子链取向平行于流动方向。对于前沿的弧形表面，流动方向和分子取向沿自由表面的法向会影响到界面融合后分子的扩散。同时，由于冷的型腔壁而形成的冷凝层中，取向被冻结而形成了各向异性结构。

b. 一旦熔体汇合，如图7-24（b）所示，熔体前沿处的压力增加，流动停止，两个自由表面相互接触并发生非线性的黏弹性变形。

　　c. 由于扩散和分子运动，接触表面的分子链开始松弛、缠结和迁移，这种缠结和迁移的结果可为熔接痕提供键接强度，因此在熔接处熔体结合强度随着分子链缠结程度的增加而增大。

　　d. 熔接处的取向因受挤压而垂直于流动方向，如图 7-24（c）所示。

　　e. 在大多数情况下往往会因滞留在型腔中的空气或在充模过程中产生的挥发物来不及排出而产生 V 形缺口（V 形槽），如图 7-24（d）所示。

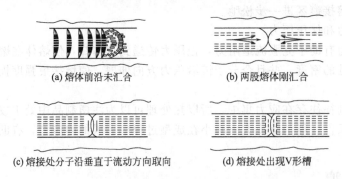

(a) 熔体前沿未汇合　　　　　　　　　(b) 两股熔体刚汇合

(c) 熔接处分子沿垂直于流动方向取向　　　(d) 熔接处出现V形槽

图 7-24　熔接痕的形成过程

　　③ 熔接痕的特点。

　　a. 垂直取向。形成熔接痕时两股流动的熔体相碰撞，使熔体分子链沿厚度方向而不是沿充模主流方向取向，这种取向削弱了材料沿充模主流方向上的强度。

　　b. 弱连接。由于材料松弛时的分子链来不及形成足够的缠绕和扩散就被凝结，在两熔体之间而形成弱连接。

　　c. 表面 V 形缺口槽。

　　④ 熔接痕的形态。熔接痕其实是一个区域，形态与基体不同，它的宽度可由几毫米延伸到整个制品厚度，这取决于材料及其组成。在充模过程中，分子链取向平行于流动方向，在熔接处分子链段垂直于流动方向取向。

　　在聚合物共混物中，每种材料在熔接痕区的结构特征都不同于原基体的相结构，材料的力学行为与其他地方不同，在含填料和增强剂的聚合物材料中，其强度的损失与分散相的纵横比有密切关系。

　　⑤ 熔接痕处的力学行为。由于注塑制品中存在熔接痕，使得外观和性能受到严重的影响，其主要原因有以下几点。

　　a. 在熔体前沿连接处分子链段没有充分的缠结。由于每种聚合物的松弛时间和 T_g 不同，使分子链的缠结程度不同，在充模过程中，有些聚合物松弛时间较长，在凝固前没有完全松弛，所以熔接痕处分子链的缠结程度不如本体高，从而使此处强度变弱。

　　b. 分子链的取向对材料性能造成影响，使材料的力学、光学、热学性能产生各向异性。由于原子之间以化学键结合，而分子链之间以范德华力结合，材料未取向时，高分子链和链段无序排列而呈各向同性；取向时在取向方向上原子之间的作用力以化学键为主，而在与之垂直的方向上原子之间的作用力以范德华力为主，表现为取向方向上的模量、强度等远远大于垂直于取向的方向，即熔接痕处的强度会显著变弱。

　　c. 由于存在 V 形缺口，易产生应力集中，使聚合物材料的力学性能变差。

　　d. 含填料等添加剂的注塑制品，由于填料、增强剂与基体相互结合不好，使熔接痕处的有效接触面积减小，同时黏度增大，分子链活动性减小，在熔接痕处的相互扩散减弱。

　　有人研究发现，含 0.1%～0.5% 热稳定剂的 PP 熔体的喷泉流动使添加剂积聚在熔接痕处，它至少造成 50％的冲击强度损失；而含 1％热稳定剂的制品至少造成 75％的冲击强度损失。

e. 纤维增强注塑制品中，随着玻璃纤维（GF）含量的增加，拉伸强度提高，而熔接痕处的强度则随 GF 含量增加而减小。有数据表明，PP 中添加质量分数为 20％的 GF 时，拉伸强度损失 20％；添加质量分数 40％的 GF 时，拉伸强度损失 30％；而添加质量分数 40％ GF 的 PA66，拉伸强度损失 50％。

（2）材料的流变性能对熔接痕的影响

① 结晶与非结晶塑料对熔接痕的影响。材料方面的因素有：塑料本身结晶与否，材料是否为复合材料（GF 填充、无机材料改性等）。非复合材料中对于易结晶塑料熔接状况较好，反之非结晶塑料的熔接痕状况需要外界因素的控制。复合材料的熔接状况与材料的结构特点及材料间的组分相容性有关，更重要的是复合材料中含有低分子化合物时，对熔接是不利因素。

塑料有结晶行为或者结晶度较高时对熔接痕的形式影响较大。大分子链的松弛运动往往发生在 T_g 以上，且在黏流状态运动最快。而具有结晶行为的塑料熔体有明显的熔点，在熔点温度以上结晶塑料的分子链运动比非结晶塑料要快，因而会在熔接痕部位结晶，使熔体成为一体，而结晶度高的塑料熔接痕一般不明显，熔接痕处的强度与其他部位没有差别或差别很小。

无定形塑料或弱结晶塑料不具有明显的熔点。这类塑料的分子链的扩散能力较结晶塑料弱，因而易产生熔接痕。但总的来说，分子链要扩散活动，必然要获得相应的内聚能，于是适当提高熔体温度或延长熔体在模具中的滞留时间，就会改善熔接痕现象，但也会有不良的一面，如提高熔体温度，必然会导致收缩，加重 V 形缺口现象。

② T_g 与熔融温度。塑料的 T_g 与熔融温度对熔接痕的结构与强度影响也较大。由于塑料分子间运动在 T_g 与熔融温度区之间，若两者相差较大，分子链段扩散自由运动的相对时间较长，因而熔融温度与 T_g 相差较大的材料，分子链段在凝结前有更多的时间扩散、缠结、松弛，从而提高了熔接痕区域的粘接强度。

③ 熔体黏度。无定形塑料的熔体黏度对熔接痕也有影响。一般黏度大的无定形塑料常见熔接痕形式为弱连接，出现 V 形缺口形式较少，而黏度较小的无定形塑料常常会出现 V 形缺口。为了改善熔接效果，最大限度地消除熔接痕，必须有效地控制好塑料熔体流经机头时的黏度，这是最有效的办法。

④ 多组分塑料与熔接痕结构的关系。塑料配方各组分熔体的黏度不同，熔体在熔接痕部位的熔接状况受配方的影响较大。另外，多组分塑料中常常添加一部分无机填料以降低成本，由于无机填料的相容性较差，并且加入后使整个塑料熔体黏度有所增加，因而无机填料的添加量也是影响熔接痕的关键因素。

> **任务**
> 分组讨论在热塑性塑料的注塑加工中，注塑件产生熔接痕的原因和消除方法。

（3）减小熔接痕损害的方法

在注塑加工中，熔接痕的性质是由熔体流动前沿的流变状态和分子聚集态结构所决定的，凡影响分子链的缠结、结晶、取向和分子热运动的因素都会影响到熔接痕处的强度。

根据以上分析，一般采用如下方法可减小熔接痕损害。

① 在分解温度以下合理提高熔体温度与模具温度，但会延长成型周期。

② 适当提高注塑压力和保压压力。

③ 适当增加充模速度或缩短注射时间。

④ 对于有些制品，可在成型后进行适当的热处理，以消除成型过程中的残余应力，也有利于改善熔接痕的外观质量与强度。

7.6.6　任务实施3　分组讨论在热塑性塑料的注塑加工中，注塑件产生熔接痕的原因和消除方法

① 实施准备。了解高聚物注塑成型方法及特点；准备注塑成型制品若干；放大镜若干。

② 实施目的。

a. 指出注塑件中常见的熔接痕的形式；

b. 分析熔接痕产生的位置；

c. 分析影响熔接痕的主要因素；

d. 分析熔接痕对制品外观及使用性能的影响；

e. 探讨从工艺条件、模具结构、高分子材料类型等方面减少或消除熔接痕的方法。

③ 任务实施。观察并比较几个注塑件的熔接痕情况，查阅资料分析熔接痕产生的原因及危害，讨论减轻或避免熔接痕的方法，完成注塑件熔接痕分析报告。

④ 结果分析。分析不同材质造成的熔接痕情况；分析工艺条件造成的熔接痕情况；分析模具设计造成的熔接痕情况；分析熔接痕对使用性能的影响；分析熔接痕产生的规律；探讨减少熔接痕的措施。完成以上分析报告。

项目八
高分子溶液及分子量和分子量分布

大多数线型或支化高分子材料置于适当溶剂并给予恰当条件（温度、时间、搅拌等），就可溶解而成为高分子溶液。如天然橡胶溶于汽油或苯、聚乙烯在 135℃ 以上溶于十氢萘、聚乙烯醇溶于水等。但由于高分子的链状分子特征，其溶液与理想小分子溶液相比偏差较大。在理论研究方面：高分子溶液是研究单个高分子链结构的最佳方法；实际应用方面，在化学纤维的溶液纺丝、黏合剂、油漆、涂料等工业中，经常会碰到高分子浓溶液问题。本项目学习高聚物的溶解规律、高分子溶液的特点以及高聚物分子量和分子量分布的内容。

8.1　学习目标

本项目的学习目标如表 8-1 所示。

表 8-1　高分子溶液及分子量和分子量分布的学习目标

序号	类别	目　标
1	知识目标	(1)掌握高聚物溶液的特点 (2)知道选择高聚物溶剂的原则 (3)了解高聚物在溶液中的构象 (4)知道高聚物溶液的作用 (5)了解高聚物分子量的测试方法 (6)掌握黏度法测定高聚物相对分子量的原理 (7)了解高分子分子量分布及对加工性能的影响
2	能力目标	(1)能够使用乌氏黏度计测试高聚物的相对分子量 (2)能够分析高聚物分子量对成型条件及使用性能的影响 (3)能够分析高聚物分子量分布对成型条件及使用性能的影响 (4)能够对典型的高聚物选择合适的溶剂
3	素质目标	(1)细心观察，勤于思考的学习态度 (2)主动探索求知的学习精神 (3)理论结合实践的能力

8.2　工作任务

本项目的工作任务如表 8-2 所示。

表 8-2　高分子溶液及分子量和分子量分布的工作任务

序号	任务内容	要　　求
1	选择合适溶剂溶解醋酸纤维素及天然橡胶	(1)知道选择高聚物溶剂的原则 (2)了解高聚物在溶液中的构象 (3)了解高聚物溶解规律
2	黏度法测定高聚物的相对分子量	(1)掌握黏度法测定高聚物相对分子质量的基本原理 (2)学习和掌握用乌式黏度计测定高分子溶液黏度的实验技术以及实验数据的处理方法 (3)用乌式黏度计测定聚乙烯醇溶液的特性黏度，并求出聚乙烯醇试样的黏均相对分子质量

高聚物溶液的用途如图 8-1。

黏合剂　　　　　涂料　　　　　溶液纺丝

图 8-1　高聚物溶液的用途

8.3　高分子溶液概述

大多数线型或支化高分子材料置于适当溶剂并给予恰当条件（温度、时间、搅拌等），就可溶解而成为高分子溶液。如天然橡胶溶于汽油或苯、聚乙烯在 135℃ 以上溶于十氢萘、聚乙烯醇溶于水等。但由于高分子的链状分子特征，其溶液与理想小分子溶液相比偏差较大。

按照现代高分子凝聚态物理的观点，高分子溶液可按浓度大小及分子链形态的不同分为高分子极稀溶液、稀溶液、亚浓溶液、浓溶液、极浓溶液和熔体，其间的分界浓度如下所示：

高分子极稀溶液 → 稀溶液 → 亚浓溶液 → 浓溶液 → 极浓溶液和熔体
分界浓度：　　　　C_s　　　　C^*　　　　C_e　　　　C^{**}
名称：　　　动态接触浓度　接触浓度　缠结浓度　　　-
浓度范围：　约 $10^{-2}\%$　约 $10^{-1}\%$　$0.5\%\sim10\%$　约 10%

稀溶液和浓溶液的本质区别，在于稀溶液中单个大分子链线团是孤立存在的，相互之间没有交叠；而在浓厚体系中，大分子链之间发生聚集和缠结。

8.4　高分子材料的溶解和溶胀

8.4.1　聚合物溶解过程的特点

高分子材料因其结构的复杂性和多重性，溶解过程有自身特点。

（1）溶解过程缓慢，且先溶胀再溶解

由于大分子链与溶剂小分子尺寸相差悬殊，扩散能力不同，加之原本大分子链相互缠结，分子间作用力大，因此溶解过程相当缓慢，常常需要几小时、几天，甚至几星期。溶解过程一般为溶剂小分子先渗透、扩散到大分子之间，削弱大分子间相互作用力，使体积膨胀，称为溶胀；然后链段和分子整链的运动加速，分子链松动、解缠结；再达到双向扩散均匀，完成溶解。为了缩短溶解时间，对溶解体系进行搅拌或适当加热是有益的。高聚物溶解过程示意如图8-2。

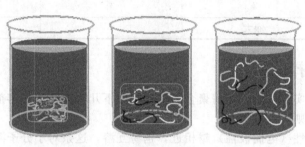

图8-2　高聚物溶解过程示意

（2）非晶态聚合物比结晶聚合物易于溶解

因为非晶态聚合物分子链堆砌比较疏松，分子间相互作用较弱，因此溶剂分子较容易渗入聚合物内部使其溶胀和溶解。结晶聚合物的晶区部分分子链排列规整，堆砌紧密，分子间作用力强，溶剂分子很难渗入其内部，因此其溶解比非晶态聚合物难。通常需要先升温至熔点附近，使晶区熔融，变为非晶态后再溶解。对于极性的结晶聚合物，有时室温下可溶于强极性溶剂，例如聚酰胺室温下可溶于苯酚-冰醋酸混合液。这是由于溶剂先与材料中的非晶区域发生溶剂化作用，放出热量使晶区部分熔融，然后溶解。对于非极性结晶聚合物，室温时几乎不溶解。

（3）交联聚合物只溶胀，不溶解

已知交联聚合物分子链之间有化学键连结，形成三维网状结构，整个材料就是一个大分子，因此不能溶解。但是由于网链尺寸大，溶剂分子小，溶剂分子也能钻入其中，使网链间距增大，材料体积膨胀（有限溶胀）。根据最大平衡溶胀度，可以求出交联密度和网链平均分子量（图8-3、表8-3）。

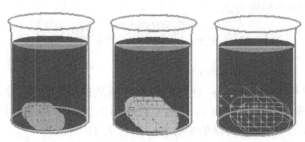

图8-3　交联聚合物溶胀示意

表8-3　高分子溶液、胶体溶液及小分子溶液的区别

比较项目	高分子溶液	胶体溶液	小分子溶液
分散质点的尺寸	大分子 $10^{-10} \sim 10^{-8}$ m	胶团 $10^{-10} \sim 10^{-8}$ m	低分子 $< 10^{-10}$ m

比较项目	高分子溶液	胶体溶液	小分子溶液
扩散与渗透性质	扩散慢,不能透过半透膜	扩散慢,不能透过半透膜	扩散快,可以透过半透膜
热力学性质	平衡、稳定体系,服从相律	不平衡、不稳定体系	平衡、稳定体系,服从相律
溶液依数性	有,但偏高	无规律	有,正常
光学现象	Tyndall 效应较弱	Tyndall 效应明显	无 Tyndall 效应
溶解度	有	无	有
溶液黏度	很大	小	很小

8.4.2 溶剂选择原则

根据理论分析和实践经验,溶解聚合物时可按以下几个原则选择溶剂。

(1)极性相似原则

溶质、溶剂的极性(电偶极性)越相近,越易互溶,这条对小分子溶液适用的原则,一定程度上也适用于聚合物溶液。例如非极性的天然橡胶、丁苯橡胶等能溶于非极性碳氢化合物溶剂(如苯、石油醚、甲苯、己烷等);分子链含有极性基团的聚乙烯醇不能溶于苯而能溶于水中。

> **思考**
> PTFE(塑料之王)为什么没有合适的溶剂?

(2)溶解度参数相近原则

这是一条热力学原则。溶解过程是溶质和溶剂分子的混合过程,在恒温恒压下,过程能自发进行的必要条件是混合自由能 $\Delta G_m < 0$,即:

$$\Delta G_m = \Delta H_m - T\Delta S_m < 0 \tag{8-1}$$

式中,T 为溶解温度;ΔS_m 和 ΔH_m 分别为混合熵和混合热焓。

溶解过程中分子排列趋于混乱,熵是增加的,即 $\Delta S_m > 0$。因此 ΔG_m 的正负主要取决于 ΔH_m 的正负及大小。有两种情况:若溶解时 $\Delta H_m < 0$ 或 $\Delta H_m = 0$,即溶解时系统放热或无热交换,必有 $\Delta G_m < 0$,说明溶解能自动进行。若 $\Delta H_m > 0$,即溶解时系统吸热,此时只有当 $T|\Delta S_m| > |\Delta H_m|$ 溶解才能自动进行。显然 $\Delta H_m \to 0$ 和升高温度对溶解有利。

根据 Hildebrand 的半经验公式:

$$\Delta H_m = V_m \phi_1 \phi_2 \left[\left(\frac{\Delta E_1}{\tilde{V}_1} \right)^{1/2} - \left(\frac{\Delta E_2}{\tilde{V}_2} \right)^{1/2} \right]^2$$

$$= V_m \phi_1 \phi_2 (\delta_1 - \delta_2)^2 \tag{8-2}$$

式中,V_m 为溶液总体积;ϕ_1、ϕ_2 分别为溶剂和溶质的体积分数;$\Delta E_1/\tilde{V}_1$、$\Delta E_2/\tilde{V}_2$ 分别为溶剂和溶质的内聚能密度;δ_1 和 δ_2 分别为溶剂和溶质的溶解度参数。溶解度参数定义为溶剂(或溶质聚合物)内聚能密度的平方根,单位为 $J^{1/2} \cdot cm^{-3/2}$。

由式(8-2)可见,δ_1 和 δ_2 的差越小,ΔH_m 越小,越有利于溶解,这就是溶解度参数相近原则。实验表明,对非晶态聚合物来说,若分子间没有强极性基团或氢键基团,聚合物与溶剂只要满足 $|\delta_1 - \delta_2| < 1.7 \sim 2.0 J^{1/2} \cdot cm^{-3/2}$,聚合物就能溶解。表 8-4 和表 8-5 分别列出一些聚合物和溶剂的溶解度参数。由表可知天然橡胶的 $\delta = 16.6$,它可溶于甲苯($\delta = 18.2$)和四氯化碳($\delta = 17.6$)中,但不溶于乙醇($\delta = 26.0$);醋酸纤维素($\delta = 22.3$)可溶于丙酮($\delta = 20.4$)而不溶于甲醇($\delta = 29.6$)。

表 8-4　部分聚合物的溶解度参数　　　　单位：$J^{1/2} \cdot cm^{-3/2}$

高聚物及 δ	高聚物及 δ	高聚物及 δ
聚乙烯 16.1～16.5	天然橡胶 16.6	尼龙 66 27.8
聚丙烯 16.8～18.8	丁苯橡胶 16.5～17.5	聚碳酸酯 19.4
聚氯乙烯 19.4～20.1	聚丁二烯 16.5～17.5	聚对苯二甲酸乙二酯 21.9
聚苯乙烯 17.8～18.6	氯丁橡胶 18.8～19.2	聚氨基甲酸酯 20.5
聚丙烯腈 31.4	乙丙橡胶 16.2	环氧树脂 19.8～22.3
聚四氟乙烯 12.7	聚异丁烯 16.0～16.6	硝酸纤维素 17.4～23.5
聚三氟氯乙烯 14.7	聚二甲基硅氧烷 14.9	乙基纤维素 21.1
聚甲基丙烯酸甲酯 18.4～19.5	聚硫橡胶 18.4～19.2	纤维素二乙酯 23.2
聚丙烯酸甲酯 20.0～20.7	聚醋酸乙烯酯 19.1～22.6	纤维素二硝酸酯 21.5
聚乙烯醇 47.8	聚丙烯酸乙酯 18.8	聚偏二氯乙烯 24.9

表 8-5　若干溶剂的溶解度参数　　　　单位：$J^{1/2} \cdot cm^{-3/2}$

溶剂及 δ		溶剂及 δ		溶剂及 δ		溶剂及 δ	
正己烷	14.9	苯	18.7	十氢萘	18.4	二甲基亚砜	27.4
正庚烷	15.2	甲乙酮	19.0	环己酮	20.2	乙醇	26.0
二乙基醚	15.1	氯仿	19.0	二氧六环	20.4	间甲酚	24.3
环己烷	16.8	邻苯二甲酸二丁酯	19.2	丙酮	20.4	甲酸	27.6
四氯化碳	17.6	氯代苯	19.4	二硫化碳	20.4	苯酚	29.7
对二甲苯	17.9	四氢呋喃	20.2	吡啶	21.9	甲醇	29.7
甲苯	18.2	二氯乙烷	20.0	正丁醇	23.3	水	47.4
乙酸乙酯	18.6	四氯乙烷	21.3	二甲基甲酰胺	24.7		

（3）广义酸碱作用原则

一般来说，溶解度参数相近原则适用于判断非极性或弱极性非晶态聚合物的溶解性，若溶剂与高分子之间有强偶极作用或有生成氢键的情况则不适用。例如聚丙烯腈的 $\delta=31.4$，二甲基甲酰胺的 $\delta=24.7$，按溶解度参数相近原则二者似乎不相溶，但实际上聚丙烯腈在室温下就可溶于二甲基甲酰胺，这是因为二者分子间生成强氢键的缘故。这种情况下，要考虑广义酸碱作用原则。广义的酸是指电子接受体（即亲电子体），广义的碱是电子给予体（即亲核体）。聚合物和溶剂的酸碱性取决于分子中所含的基团。

下列基团为亲电子基团（按亲和力大小排序）：

$$—SO_2OH > —COOH > —C_6H_4OH > \!=\!=\!CHCN > \!=\!=\!CHNO_2 > \!=\!=\!COHNO_2 >$$
$$—CH_2Cl > \!=\!=\!CHCl$$

下列基团为亲核基团（按亲和力大小排序）：

—CH_2NH_2＞—C_6H_4OH＞—CON（CH_3）$_2$＞—CONH＞≡PO_4＞—CH_2COCH_2—＞—CH_2OCOCH_2—＞—CH_2OCH_2—

聚氯乙烯的$\delta=19.4$，与氯仿（$\delta=19.0$）及环己酮（$\delta=20.2$）均相近，但聚氯乙烯可溶于环己酮而不溶于氯仿，究其原因，是因为聚氯乙烯是亲电子体，环己酮是亲核体，两者之间能够产生类似氢键的作用。而氯仿与聚氯乙烯都是亲电子体，不能形成氢键，所以不互溶。

$$Cl \geq C - H \cdots\cdots \bar{O} = \bigcirc$$

实际上溶剂的选择相当复杂，除以上原则外，还要考虑溶剂的挥发性、毒性、溶液的用途以及溶剂对制品性能的影响和对环境的影响等。

8.4.3　任务实施1　选择合适溶剂溶解醋酸纤维素及天然橡胶

根据高聚物溶解规律及选择合适溶剂的原则，分别为给定的高聚物——醋酸纤维素及天然橡胶选择合适的溶剂，并在一定条件下将其溶解，观察溶解过程及高聚物溶液的状态。

8.4.4　柔性链高分子稀溶液的热力学性质

柔性链高分子稀溶液是处于热力学平衡态的真溶液，可以用热力学函数描述。由于大分子链和溶剂分子的尺寸相差很大，再加之分子链结构、分子量和溶液黏度的影响，使高分子溶液与小分子溶液以及"理想溶液"相比存在很大差异。

（1）混合熵计算

Flory和Huggins采用类格子模型对N_1个溶剂小分子和N_2个高分子的混合排列方式数W作了近似计算，得到聚合物溶液的混合熵为：

$$\Delta S_m = -k(N_1\ln\phi_1 + N_2\ln\phi_2) \tag{8-3}$$

式中，k为Bolzmann常数；ϕ_1、ϕ_2分别为溶剂和高分子在溶液中的体积分数。计算中假定一个大分子可视为由r个体积与小分子相同的单元（链段）组成，每个单元和每个小分子每次只能占据格子模型中一个格子，于是体积分数为：

$$\phi_1 = \frac{N_1}{N_1 + rN_2} \qquad \phi_2 = \frac{rN_2}{N_1 + rN_2}$$

用摩尔数n替换分子数，则有：

$$\Delta S_m = -R(n_1\ln\phi_1 + n_2\ln\phi_2) \tag{8-4}$$

该混合熵比由N_1个溶剂小分子和N_2个溶质小分子所组成体系的混合熵大。

（2）混合热和混合自由能计算

仍采用类格子模型，并只考虑最近邻分子间相互作用的情况。

当高分子与溶剂混合时，存在三种近邻相互作用，即溶剂分子-溶剂分子、链段-链段、链段-溶剂分子间的相互作用，分别用接触对[1-1]、[2-2]、[1-2]表示，其结合能分别用W_{11}、W_{22}、W_{12}表示。溶解过程可视为破坏[1-1]、[2-2]接触对，生成[1-2]接触对的过程，每生成一个[1-2]接触对引起体系能量的变化ΔW_{12}为：

$$\Delta W_{12} = W_{12} - 1/2(W_{11} + W_{22}) \tag{8-5}$$

设溶液中共生成P个[1-2]对，则混合热为：

$$\Delta H_m = P\Delta W_{12} \tag{8-6}$$

考察溶液中N_2个大分子形成的[1-2]对的数目。设空格的配位数为Z，每个大分子有r个链段，因此每个大分子周围的空格数为[$(Z-2)r+2$]，而每个空格被溶剂占据的概率等于溶剂在溶液的体积分数 ϕ_1，所以每一个大分子生成 [1-2] 对的数目为 $[(Z-2)r+2]\phi_1 \approx Zr\phi_1$（当 r 很大，且 $Z \gg 2$），N_2 个大分子生成的 [1-2] 对数目为：

$$P_{N_2} = N_2 Z r \phi_1 = N_1 Z \phi_2 \quad \left(因为\ \frac{rN_2}{N_1} = \frac{\phi_2}{\phi_1}\right) \tag{8-7}$$

故总的混合热为：

$$\Delta H_m = N_1 Z \phi_2 \Delta W_{12} = \chi_{12} k T N_1 \phi_2 = \chi_{12} R T n_1 \phi_2 \tag{8-8}$$

式中，引入 $\chi_{12} = \dfrac{Z \Delta W_{12}}{kT}$，称为高分子-溶剂相互作用参数或 Huggins 参数，它是一个无量纲量，其物理意义相当于把一个溶剂分子放到高分子中引起的能量变化。上式即高分子溶液的混合热表达式。若溶剂与大分子链段相互作用强，$\Delta W_{12} < 0$，引起 $\chi_{12} < 0$ 和 $\Delta H_m < 0$，表示溶解时体系放热，溶解易于进行。

将式（8-4）、式（8-8）代入式（8-1），得到混合自由能 ΔG_m 表达式：

$$\Delta G_m = RT(n_1 \ln\phi_1 + n_2 \ln\phi_2 + \chi_{12} n_1 \phi_2) \tag{8-9}$$

与小分子理想溶液的混合自由能相比，式中增添了含 χ_{12} 的项，这反映大分子与溶剂分子间相互作用的影响。

（3）稀释自由能的计算

由于组成溶液的各组分在混合体系中的性质（体积、热焓、熵、自由能等）与纯态时的性质不同，因此研究溶液组分相互作用的规律就不能用纯态时的摩尔性质，而应当用偏摩尔性质，否则得不到正确结论。

偏摩尔自由能定义：在一定的温度、压力和浓度下，向溶液中再加入 1mol 溶剂（或溶质），体系自由能的改变称为该温度、压力和浓度下溶剂（或溶质）的偏摩尔自由能（又称化学位）。加入溶剂时，由于所加入的溶剂与原来溶液中的溶剂无法区别，因而这也是原来溶液中溶剂对自由能的贡献。加入溶剂后体系的浓度稀释，因此溶剂的偏摩尔自由能又称作稀释自由能，记为 $\Delta \overline{G}_1$。

稀释自由能 $\Delta \overline{G}_1$ 是一个重要的热力学参数，高分子溶液的许多性质，诸如渗透压 π，溶液沸点升高或冰点降低等都与稀释自由能有关。

高分子溶液的稀释自由能 $\Delta \overline{G}_1$ 等于溶剂在溶液中的化学位 μ_1 与纯溶剂化学位 μ_1^0 的差值，即

$$\Delta \overline{G}_1 = \Delta \mu_1 = \mu_1 - \mu_1^0 = \left(\frac{\partial \Delta G_m}{\partial n_1}\right)_{T, P, n_2} = RT\left[\ln\phi_1 + \left(1 - \frac{1}{r}\right)\phi_2 + \chi_{12}\phi_2^2\right] \tag{8-10}$$

若溶液很稀，$\phi_2 \ll 1$，则有：

$$\Delta \mu_1 = RT\left[-\frac{1}{r}\phi_2 + \left(\chi_{12} - \frac{1}{2}\right)\phi_2^2\right] \tag{8-11}$$

括号中第二项表示高分子溶液与理想（小分子）溶液相比多出的部分，反映了高分子溶液的非理想状态，称溶剂的"超额化学位变化" $\Delta \mu_1^E$

$$\Delta \mu_1^E = RT\left(\chi_{12} - \frac{1}{2}\right)\phi_2^2 \tag{8-12}$$

（4）高分子溶液的 Θ 状态

高分子溶液的 Θ 状态是一个重要的参考状态。定义：当一定温度下高分子-溶剂相互作用参数 $\chi_{12} = 1/2$，致使"超额化学位变化" $\Delta \mu_1^E = 0$，这种溶液状态称 Θ 状态，该温度称 Θ 温度，溶剂称 Θ 溶剂。

在 Θ 状态，$T=\Theta$，$\Delta\mu_1^E=0$，表明此时高分子溶液的热力学性质与理想溶液热力学性质相似，可按理想溶液定律计算。从大分子链段与溶剂分子相互作用来看，此时溶剂-溶剂、链段-链段、链段-溶剂间的相互作用相等，排斥体积为零，大分子与溶剂分子可以自由渗透，大分子链呈现自然卷曲状态，即处于无扰状态中。此时测得的大分子尺寸称无扰尺寸，它是大分子尺度的一种表示，测量无扰尺寸为研究大分子链的结构、形态提供了便利。

对于特定聚合物，当溶剂选定后，可以通过改变温度以满足 Θ 条件；或溶解温度确定，可以改变溶剂品种（改变 χ_{12}）以达到 Θ 状态。

温度升高，χ_{12} 降低。当温度高于 Θ 温度时，有 $\chi_{12}<1/2$，$\Delta\mu_1^E<0$。此时由于链段-溶剂间相互作用大于溶剂-溶剂、链段-链段相互作用而使大分子链舒展，排斥体积增大，高分子溶液比理想溶液更易于溶解。称此时的溶剂为良溶剂，T 高出 Θ 温度越多，溶剂性能越良。

当温度低于 Θ 温度，$\Delta\mu_1^E>0$。此时大分子链段间彼此吸引力大，高分子溶解性能变差。称此时的溶剂为不良溶剂，T 低于 Θ 温度越多，溶解性越差，直至聚合物从溶液中析出、分离。

8.4.5 聚合物溶液浓度

聚合物溶液浓度的两种表示法。

浓度：单位体积溶液中的聚合物质量 $c(\mathrm{g/cm^3})$。

体积分数：单位溶液体积中的干聚合物体积 $\phi(\mathrm{cm^3/cm^3})$，无量纲。

如果浓度很低，溶解的分子链以线团形式分散在溶剂中，线团包容的溶液体积称为扩张体积（图 8-4）。

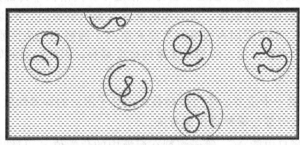

图 8-4　高聚物在溶液中的扩张体积

聚合物在扩张体积中的体积分数为 ϕ^*，浓度为 c^*，聚合物在整个溶液中的体积分数为 ϕ，浓度为 c，$\phi<\phi^*$ 即 $c<c^*$ 的聚合物溶液中，线团彼此独立，称为稀溶液（图 8-5）。

溶液浓度 $c=c^*$ 时，线团的扩张体积恰好充满空间 $c>c^*$ 时，扩张体积相互重叠，称为半稀溶液（亚浓），故 c^* 称为重叠浓度，ϕ^* 称为重叠体积分数（图 8-6）。

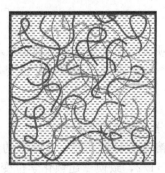

图 8-5　浓度 $c=c^*$ 的高聚物溶液　　　　图 8-6　$c>c^*$ 的高聚物浓溶液

在 $c \leqslant c^*$ 的浓度范围，每个扩张体积中包含一根分子链，$c > c^*$ 时，每个扩张体积中包含大于一根分子链；浓度高于 c^* 时，高分子链发生缠结。

> 分子链缠结的条件：
> 1. 浓度高于重叠浓度；
> 2. 分子链达到一定长度，分子量低于 M_c 的分子链称为低聚物，无论浓度多高也不会发生缠结。

8.5　聚合物相对分子量、分子量分布及测量方法

利用大分子稀溶液性质可以得到测量聚合物平均相对分子量及分子量分布的方法，首先给出这些物理量的定义。

8.5.1　平均相对分子量及分子量分布

高聚物的分子量很大，重复单元 $10^3 \sim 10^7$；分子量不均一，具有多分散性。分子量是决定高聚物性能和加工行为的重要依据。分子量与高聚物的性能（如强度、流变性和溶解性等）密切相关。随着分子量上升，高聚物黏度逐步增大，流动性变小，在溶剂中的溶解度渐降，软化点渐升，力学性能也逐步提高。

橡胶的大部分物理力学性能随着分子量而上升，但是分子量上升达到一定值（一般是 60 万）后，这种关系不复存在；分子量超过一定值后，由于分子链过长，纠缠过剧，对成型加工不利，具体反映为门尼黏度增加，需要塑炼，功率消耗增大，对设备磨损加剧等。

平均相对分子量和分子量分布是高分子材料最基本，也是最重要的结构参数。对低分子物质而言，分子量是一个确定的值。但聚合物不是这样。由于聚合过程复杂，即使同一种聚合物，分子链也长短不一，分子量大小不同。聚合物分子量的这种特征称为"多分散性"。因此讨论聚合物分子量时，平均分子量十分重要，且不同分子量组分的比例分布也非常重要。平均分子量相同的聚合物，可能由于其中分子量分布不同而性质各异。

聚合物平均相对分子量是采用统计平均法求得的，统计平均方法不同，会得到不同的平均分子量。常见的有数均分子量（$\overline{M}_n$）、重均分子量（$\overline{M}_W$）、Z 均分子量（$\overline{M}_Z$）以及黏均分子量（$\overline{M}_\eta$）等。各种平均分子量的定义为：

$$\overline{M}_n = \int_0^\infty M\varphi(M)\mathrm{d}M$$

$$\overline{M}_W = \int_0^\infty M^2\varphi(M)\mathrm{d}M \bigg/ \int_0^\infty M\varphi(M)\mathrm{d}M$$

$$\overline{M}_Z = \int_0^\infty M^3\varphi(M)\mathrm{d}M \bigg/ \int_0^\infty M^2\varphi(M)\mathrm{d}M$$

$$\overline{M}_\eta = \left[\int_0^\infty M^{\alpha+1}\varphi(M)\mathrm{d}M\right]^{1/\alpha} \tag{8-13}$$

式中，$\varphi(M)$ 为归一化的分子量数量分布密度函数；α 是黏度公式 $[\eta] = KM^\alpha$ 中的指数（意义后详），α 值在 $0.5 \sim 1$ 之间；归一化的含义为：

$$\int_0^\infty \varphi(M)\mathrm{d}M = 1 \tag{8-14}$$

$\overline{M}_n < \overline{M}_\eta < \overline{M}_W < \overline{M}_Z$。聚合物分子量分布（$MWD$）的宽度可用重均分子量与数均分

子量之比定义：

$$MWD = \bar{M}_W / \bar{M}_n \tag{8-15}$$

分子量分布的重要性在于它更加清晰而细致地表明聚合物分子量的多分散性，便于人们讨论材料性能与微观结构的关系。分子量分布窄，$\bar{M}_W / \bar{M}_n = 1$ 的体系称单分散体系；反之 $\bar{M}_W / \bar{M}_n > 1$ 或偏离 1 越远的体系，为多分散体系。$\bar{M}_W / \bar{M}_n$ 之值也称为多分散性指数或分散度。聚合物平均分子量及其分布对材料物理力学性能及加工性能有重要影响，相对而言，平均分子量对材料力学性能影响较大些，而分子量分布对材料加工流动性影响较大。

聚合物的分子量或聚合度到达某一数值后，才能显示出高聚物的性质和适用的机械强度，这一数值称为临界聚合度。

对极性强的高聚物来说，其临界聚合度约为 40；非极性高聚物的临界聚合度约为 80；弱极性的高聚物介于二者之间。

8.5.2　平均分子量测定方法

测定聚合物平均分子量的方法很多。除化学法（端基分析法）外，大多利用稀溶液各种性质与分子量的关系来测定。其中有热力学法（膜渗透压法、蒸气压法、沸点升高法和冰点下降法等）、动力学法（黏度法、超速离心沉降法）和光学法（光散射法），此外还有凝胶渗透色谱法（GPC 法），该方法通过测定聚合物分子量分布求得平均分子量。表 8-6 列出了各种方法的适用范围。

表 8-6　测定聚合物平均分子量的方法及适用范围

方法	端基分析	膜渗透压法	蒸气压法（VPO）	沸点上升法	冰点下降法	光散射法	黏度法	超速离心沉降法	GPC 法
测得平均分子量的类型	$\bar{M}_n$	$\bar{M}_n$	$\bar{M}_n$	$\bar{M}_n$	$\bar{M}_n$	$\bar{M}_W$	$\bar{M}_\eta$	$\bar{M}_Z$	$\bar{M}_n$、$\bar{M}_W$、$\bar{M}_\eta$
适用分子量范围	$<3\times10^4$	2×10^4 ~10^6	$<3\times10^4$	$<10^4$	$<10^4$	$10^3\sim10^7$	$10^3\sim10^8$	$10^2\sim10^6$	$10^2\sim10^7$

本节选择膜渗透压法、黏度法予以简要介绍。

（1）膜渗透压法测数均分子量

实验采用一个半透膜将溶液与溶剂隔开，半透膜是一种只允许溶剂分子透过而不允许溶质分子透过的膜。由于溶液中溶剂的化学位（μ_1）小于纯溶剂化学位（μ_1^0），即纯溶剂蒸气压大于溶液蒸气压，因此溶剂将自发地透过半透膜向溶液一方渗透，使溶液一侧液面升高，纯溶剂一侧液面下降。当两侧液面高度差达到一定值时，渗透过程停止，达到渗透平衡，此时半透膜两边的压力差 π 叫做渗透压。

由热力学知，对恒温过程有：$\left(\dfrac{\partial \mu_1}{\partial p}\right)_{T,\,n_1,\,n_2} = \bar{V}_1$，式中，$\bar{V}_1$ 为溶剂的偏摩尔体积；p 为液体所受总压力。积分上式，得到渗透平衡时，有：

$$\mu_1 + \pi \bar{V}_1 = \mu_1^0 \tag{8-16}$$

$$\pi \bar{V}_1 = \mu_1^0 - \mu_1 = -\Delta \mu_1 = -RT\left[\ln(1-\phi_2) + \left(1-\frac{1}{r}\right)\phi_2 + \chi_{12}\phi_2^2\right] \tag{8-17}$$

后一个等式借用了式（8-10）。由于溶液很稀，所以 $\bar{V}_1 \approx \tilde{V}_1$，$\tilde{V}_1$ 为溶剂摩尔体积。另外当 $\phi_2 \ll 1$ 时，展开 $\ln(1-\phi_2) = -\phi_2 - \dfrac{1}{2}\phi_2^2 - \dfrac{1}{3}\phi_2^3\cdots$，由此得到渗透压等于：

$$\pi = RT \left[\frac{\phi_2}{\tilde{V}_1 r} + \left(\frac{1}{2} - \chi_{12} \right) \frac{\phi_2^2}{\tilde{V}_1} + \frac{1}{3} \frac{\phi_2^3}{\tilde{V}_1} \right] \tag{8-18}$$

通过换算，用浓度 c 替换体积分数 ϕ_2（$\phi_2 = c/\rho$，ρ 为聚合物的密度），得到：

$$\frac{\pi}{c} = RT \left(\frac{1}{M_2} + A_2 c + A_3 c^2 \right) \tag{8-19}$$

式中

$$A_2 = \left(\frac{1}{2} - \chi_{12} \right) / \tilde{V}_1 \rho^2 \tag{8-20}$$

称为第二维利系数；

$$A_3 = \frac{1}{3} \left(\frac{1}{\tilde{V}_1 \rho^3} \right) \tag{8-21}$$

称为第三维利系数。

当浓度 c 很小时，c^2 项可以忽略，则式（8-19）变为：

$$\frac{\pi}{c} = RT \left(\frac{1}{M_2} + A_2 c \right) \tag{8-22}$$

由此可见，通过实验分别测定若干不同浓度溶液的渗透压 π，用 π/c 对 c 作图将得到一条直线，从直线的截距可求得聚合物分子量 M_2，从直线斜率可求得第二维利系数 A_2。

渗透压法测得的分子量是数均分子量 $\overline{M}_n$，而且是绝对分子量，这是因为溶液的渗透压是各种不同分子量的大分子共同贡献的。其测量的分子量上限取决于渗透压计的测量精度，下限取决于半透膜的大孔尺寸，膜孔大，很小的分子可能反向渗透。

第二维利系数 A_2 是一重要参数，它与 χ_{12} 有关，因此也可以表征大分子链段-链段、链段-溶剂分子间的相互作用，表征大分子在溶液中的形态，判断溶剂的良劣。

当 $\chi_{12} = 1/2$，$A_2 = 0$，已知此时溶液处于 Θ 状态，大分子链处于自由伸展的无扰状态，溶液性质符合理想溶液的行为。由式（8-22）得知，此时渗透压公式变为：

$$\frac{\pi}{c} = RT \frac{1}{\overline{M}_n} \tag{8-23}$$

当 $\chi_{12} < 1/2$，$A_2 > 0$，此时有 $\Delta \mu_1^E < 0$，说明链段-溶剂间的相互作用大，溶剂化作用强，大分子链舒展，排斥体积大，溶剂为良溶剂。

当 $\chi_{12} > 1/2$，$A_2 < 0$，此时链段间的引力作用强，链段-溶剂间的相互作用小，大分子链线团紧缩，溶解能力差，甚至从溶液中析出，溶剂为不良溶剂。

A_2 除与高分子-溶剂体系有关外，还与实验温度相关。一般温度升高，A_2 值增大；温度下降，A_2 值降低。原本一个良溶解体系，随着温度下降，有可能变成不良溶解体系。

（2）黏度法测黏均分子量

① 几种黏度的定义。

a. 相对黏度 η_r —定义为溶液黏度 η 与同温度下纯溶剂黏度 η^0 之比。相对黏度 η_r 是一个无量纲的量。

$$\eta_r = \frac{\eta}{\eta^0} \tag{8-24}$$

b. 增比黏度 η_{sp} —定义为溶液黏度相对于溶剂黏度所增加的分数。增比黏度 η_{sp} 也是无量纲的量。

$$\eta_{sp} = \frac{\eta - \eta^0}{\eta^0} = \eta_r - 1 \tag{8-25}$$

c. 比浓黏度 η_{sp}/c —定义为溶液的增比黏度与浓度之比。比浓黏度的量纲是浓度的倒数，单位为 cm^3/g。

$$\frac{\eta_{sp}}{c} = \frac{\eta_r - 1}{c} \tag{8-26}$$

d. 比浓对数黏度 $\frac{\ln\eta_r}{c}$ —定义为相对黏度的自然对数与溶液浓度之比。其量纲与比浓黏度相同。

$$\frac{\ln\eta_r}{c} = \frac{\ln(1 + \eta_{sp})}{c} \tag{8-27}$$

e. 特性黏度 $[\eta]$ —定义为溶液浓度无限稀释时的比浓黏度或比浓对数黏度。$[\eta]$ 也称特性黏数，其值与浓度无关，量纲为浓度的倒数（cm³/g）。

$$[\eta] = \lim_{c \to 0} \frac{\eta_{sp}}{c} = \lim_{c \to 0} \frac{\ln\eta_r}{c} \tag{8-28}$$

② 黏均分子量的测定。实验证明，当聚合物、溶剂和温度确定，特性黏度 $[\eta]$ 的数值仅由聚合物分子量 M 决定。$[\eta]$ 与 M 有如下经验关系：

$$[\eta] = KM^\alpha \tag{8-29}$$

式（8-29）称为 Mark-Houwink 方程式，在一定的分子量范围内，K 和 α 是与 M 无关的常数。于是只要知道 K 和 α 的值，即可根据所测得 $[\eta]$ 值计算聚合物分子量。

聚合物稀溶液黏度的测定，通常用乌氏黏度计或奥氏黏度计。乌氏黏度计 B 管中有一根长为 l，内径为 R 的毛细管，毛细管上方有一个体积为 V 的玻璃球。测试时，将溶液（或纯溶剂）注入乌氏黏度计 A 管，然后吸入 B 管并使液面升至 a 线以上。B 管通大气，任液体自由流过毛细管，记录液面流经 a、b 线所需的时间，按式（8-30）计算溶液相对黏度。

$$\eta_r = \rho t / \rho_0 t_0 \tag{8-30}$$

式中，ρ 为溶液密度，g/mL；ρ_0 为纯溶剂密度，g/mL；t 为溶液流出时间，s；t_0 为溶剂流出时间，s。由于溶液很稀，$\rho \approx \rho_0$，所以有 $\eta_r = t/t_0$。

为了提高实验精度，注意以下几点：黏度计置于恒温槽内，使测量温差至少控制在 $\pm 0.02℃$ 之内；流出时间要长，最好大于 100s，以减少对实验值的校正；为了得到可靠的外推（$c = 0$）值，溶液浓度须足够稀。

根据两个半经验式：

Huggins 公式：
$$\frac{\eta_{sp}}{c} = [\eta] + k[\eta]^2 c \tag{8-31}$$

Kraemer 公式：
$$\frac{\ln\eta_r}{c} = [\eta] - \beta[\eta]^2 c \tag{8-32}$$

通过用 η_{sp}/c 或 $\ln\eta_r/c$ 对浓度 c 作图，然后外推到 $c \to 0$，则纵坐标轴上的截距就是 $[\eta]$，上两式中 k 和 β 为与聚合物-溶剂体系及温度有关的常数。

在聚合物分子量测量方法中，黏度法是最常用方法之一。黏度法测得分子量是一种统计平均值，称黏均分子量（$\overline{M}_\eta$）。黏度法仪器简单、操作便利、测量和数据处理周期短、实验精确度好，可与其他方法相配合，用以研究大分子在稀溶液中的尺寸、形态以及大分子与溶剂分子之间的相互作用能等。

8.5.3   分子量分布的测定方法

测量聚合物分子量分布一般有两种方法：一是将聚合物按分子量进行分级，测出各级分分子量及所占比例，画出分布曲线；二是用凝胶渗透色谱仪（GPC）直接测分布曲线，但 GPC 法不能将各级分严格分开。

（1）相分离与分级原理

分子量分级原理：不同分子量的溶质，其溶解度、沉降速度、吸附或挥发度都不相等，据此可以采用逐步降温或添加沉淀剂、或挥发溶剂等方法，达到逐级分离。特别地，利用改变溶解度实现高分子溶液分级的称"相分离"。

由溶液热力学知道，溶液是否分相要视溶剂的化学位 μ_1 与溶液浓度 φ_2 的关系。在一定温度和压力下，溶液稳定存在（不分相）的条件是 $\Delta\mu_1 < 0$，对高分子稀溶液而言，即：

$$\Delta\mu_1 = RT\left[\ln(1-\phi_2) + \left(1-\frac{1}{r}\right)\phi_2 + \chi_{12}\phi_2^2\right] < 0$$

设聚合物分子链长度 $r = 1000$，计算聚合物-溶剂相互作用参数 χ_{12} 取不同值时，$\Delta\mu_1$ 随聚合物体积分数 ϕ_2 的变化。由图可见，当 χ_{12} 取值比较小时（< 0.5），$\Delta\mu_1$ 随 φ_2 单调下降，$\Delta\mu_1/(RT) < 0$，体系不分相（均相）；当 χ_{12} 取值比较大时，$\Delta\mu_1/(RT)$ 曲线出现极值，其中有一个"极大值"，一个"极小值"（极小值在图中难以辨认）。于是对应于一个 $\Delta\mu_1$ 有两个 φ_2，说明溶液中出现了稀、浓两相，两相有相同的化学位。浓相中，高分子含量较高，而稀相中含量很小。

随着 χ_{12} 的变化，在均相和分相之间，存在一个临界点，这是相分离的起始点（本例中，$\chi_{12c} = 0.532$）。在数学上它应满足拐点条件，即：

$$\frac{\partial(\Delta\mu_1)}{\partial\phi_2} = 0; \quad \frac{\partial^2(\Delta\mu_1)}{\partial\phi_2^2} = 0 \tag{8-33}$$

解联立方程，得发生相分离的临界点条件：

$$\phi_{2c} = \frac{1}{1+r^{1/2}} \approx r^{-1/2} \tag{8-34}$$

$$\chi_{12c} = \frac{1}{2} + r^{-1/2} + \frac{1}{2r} \approx \frac{1}{2} + r^{-1/2} \tag{8-35}$$

由聚合物-溶剂相互作用参数的定义式，还可求出临界共溶温度 T_c：

$$T_c = \frac{Z\Delta W_{12}}{k\chi_{12c}} \tag{8-36}$$

对于具有上临界共溶温度的高分子溶液体系，若温度 $T < T_c$，或 $\chi_{12} > \chi_{12c}$，则体系发生相分离。从上式还可看出，材料分子量大者（r 大），χ_{12c} 值小，临界共溶温度 T_c 高，因此在降温分级过程中，总是分子量大者首先被分离出来。这是逐步降温分级法的原理。

相分离也可以通过在溶液中加入沉淀剂实现。加入沉淀剂等于改变聚合物-溶剂相互作用参数 χ_{12}（通过改变 ΔW_{12}），使 χ_{12} 升高，溶解度下降，发生分离沉淀。这是沉淀分级的原理。

（2）凝胶渗透色谱法（GPC 法）测分子量及分布

凝胶渗透色谱法（GPC 法）是一种快速、高效、试样量少、结果精确的测量聚合物分子量及其分布的方法。不同分子量的分子分离过程是在装填着惰性、多孔性固体凝胶填料的色谱柱中进行的，常用的凝胶填料为交联的多孔聚苯乙烯凝胶粒、多孔玻璃珠、多孔硅球等。凝胶填料的表面和内部有大量孔径不等的空洞和通道，相当于一个筛子。

测量时将被测聚合物稀溶液试样从色谱柱上方加入，然后用溶剂连续洗提。洗提溶液进入色谱柱后，小分子量的大分子将向凝胶填料表面和内部的孔洞深处扩散，流程长，在色谱柱内停留时间长；大分子量的大分子，如果体积比孔洞尺寸大，就不能进入孔洞，只能从凝胶粒间流过，在柱中停留时间短；中等尺寸的大分子，可能进入一部分尺寸大的孔洞，而不能进入小尺寸孔洞，停留时间介于两者之间。根据这一原理，流出溶液中大分子量分子首先流出，小分子量分子最后流出，分子量从大到小排列，采用示差折光检测仪就可测出试样分子量分布情况。

GPC 法的这一分离原理可用体积排除理论说明。设色谱柱总体积 V_t 由三部分组成：

$$V_t = V_0 + V_i + V_g \tag{8-37}$$

式中，V_0 为凝胶颗粒粒间体积；V_i 为凝胶内部孔洞体积；V_g 为凝胶骨架体积。V_0 和 V_i 之和构成柱内的空间体积。根据上述分离原理，测量时，最大的分子（比任何孔洞的尺寸都大）只通过粒间体积 V_0 就流出，称其淋出体积为 V_0；最小的分子（比任何孔洞的尺寸都小）的淋出体积等于 $V_0 + V_i$；中等尺寸的分子的淋出体积应等于：

$$V_e = V_0 + KV_i \tag{8-38}$$

式中，K 称为分配系数，大小不等的分子有不同的分配系数，因而可以分离。

淋出体积与高分子分子量（分子的大小）之间存在一定关系，这种关系是利用一组已知分子量的单分散试样作色谱图求得的。表征这种关系的方程称校正曲线方程，一般写作 $\ln M = A - BV_e$，式中 A、B 是常数，V_e 是淋出体积。以 $\ln M$ 对 V_e 作图得到的曲线称校正曲线。淋出体积可通过定量收集瓶连续收集淋洗液而得知。

为了测量聚合物分子量分布，不仅要把大小不同的分子分离开来，还要知道各级分的含量。级分的含量与淋洗液的浓度有关，通常用示差折光检测仪测量淋出液的折光指数与纯溶剂的折光指数之差 Δn 表征溶液的浓度。凝胶渗透色谱仪绘出的 GPC 谱图中，纵坐标是折光指数之差 Δn，表示级分的含量；横坐标是淋出体积，表征分子尺寸的大小。由此可见，GPC 谱图反映的是聚合物分子量分布。根据 GPC 谱图还可以计算试样的平均分子量 $\overline{M}_n$ 和 $\overline{M}_W$。

8.5.4　交联聚合物的溶胀平衡

已知交联或网状聚合物，只要交联键不破坏，就不能被溶剂溶解，但交联聚合物仍能吸收大量溶剂而溶胀，形成凝胶。溶胀过程中，有两种作用力在相互竞争：一是溶剂力图渗入聚合物内部使其体积膨胀，另一个是由于交联聚合物膨胀导致网状分子链向三维空间伸展，使交联网受到应力而产生弹性回缩。当这两种竞争的作用相互抵消、达到平衡时溶胀结束，称达到了溶胀平衡。

可以根据交联聚合物吸收溶剂的质量或体积定义溶胀度 Q：

$$Q = \frac{m - m_0}{m_0} \qquad \text{或} \qquad Q = \frac{V - V_0}{V_0} \tag{8-39}$$

式中，m_0、V_0 分别为溶胀前试样的质量和体积；m、V 分别为溶胀后试样的质量和体积。另外定义溶胀比 q：$q = \dfrac{V}{V_0}$。

恒温下测量溶胀度 Q 随溶胀时间的变化，得到溶胀曲线。初始阶段（OA 段）溶胀速度甚快；一段时间后，速度减慢；AB 段近似为直线，但它与时间轴不平行，说明溶胀尚未平衡。延长 BA 交纵轴于 E，过 E 作线段平行于时间轴。我们称 OE 值为最大物理溶胀值，CA 为溶胀的附加增长，这是由于氧化作用引起分子网破裂形成的化学溶胀。

从热力学角度考虑，溶胀平衡时，溶胀体内溶剂的化学位与溶胀体外溶剂的化学位相等，即 $\Delta\mu_1 = 0$。而溶胀过程中体系自由能的变化由两部分组成：一部分是聚合物与溶剂的混合自由能 ΔG_m，另一部分是交联网变形的弹性自由能 ΔG_e，所以有：

$$\Delta\mu_1 = \Delta\mu_1^m + \Delta\mu_1^e = \Delta\overline{G}_1 + \Delta\overline{G}_e = 0 \tag{8-40}$$

根据 Flory-Huggins 的晶格模型理论：

$$\Delta\overline{G}_1 = \Delta\mu_1^m = \left(\frac{\partial \Delta G_m}{\partial n_1}\right)_{T,P,n_2} = RT\left[\ln\phi_1 + \left(1 - \frac{1}{r}\right)\phi_2 + \chi_{12}\phi_2^2\right] \tag{8-41}$$

而根据高弹性统计理论

$$\Delta \overline{G}_e = \Delta \mu_1^e = \left(\frac{\partial \Delta G_e}{\partial n_1} \right)_{T, P, n_2} = RT \times \frac{\rho_2 \widetilde{V}_1}{\overline{M}_c} \times \phi_2^{1/3} \qquad (8-42)$$

式中，ρ_2 为聚合物密度；$\widetilde{V}_1$ 为溶剂的摩尔体积；$\overline{M}_c$ 为网链平均分子量。由此得到：

$$\ln\phi_1 + \left(1 - \frac{1}{r} \right)\phi_2 + \chi_{12}\phi_2^2 + \frac{\rho_2 \widetilde{V}_1}{\overline{M}_c} \times \phi_2^{1/3} = 0 \qquad (8-43)$$

由于 $r \gg 1$，$\phi_1 = 1 - \phi_2$，因而有：

$$\ln(1-\phi_2) + \phi_2 + \chi_{12}\phi_2^2 + \frac{\rho_2 \widetilde{V}_1}{\overline{M}_c} \times \phi_2^{1/3} = 0 \qquad (8-44)$$

此公式称交联聚合物溶胀平衡方程式。当交联度不太大时，交联聚合物在良溶剂中的溶胀比 q 可以大于 10，因此 $\phi_2 = 1/q \approx 0.1$；展开 $\ln(1-\phi_2) = -\phi_2 - \frac{1}{2}\phi_2^2 - \cdots$，代入式（8-44），得到：

$$\frac{\overline{M}_c}{\rho_2 \widetilde{V}_1} \left(\frac{1}{2} - \chi_{12} \right) = q^{5/3} \qquad (8-45)$$

由此，若已知聚合物与溶剂的相互作用参数 χ_{12}，则从交联聚合物的平衡溶胀比 q 可求得交联点间的网链平均分子量 $\overline{M}_c$；反之若某一聚合物的 $\overline{M}_c$ 已知，也可求得参数 χ_{12}。

利用溶胀平衡法可近似估计交联聚合物的内聚能密度和溶解度参数。只要将交联聚合物试样置于一系列已知内聚能密度或溶解度参数的溶剂中，测定在确定温度下的平衡溶胀比，根据溶解度参数相近原则，溶胀比最大的溶剂的内聚能密度和溶解度参数应该近似等于聚合物的内聚能密度和溶解度参数。

8.6　任务实施　黏度法测定高聚物的相对分子量

8.6.1　实施目的

① 掌握黏度法测定高聚物相对分子质量的基本原理。
② 学习和掌握用乌式黏度计测定高分子溶液黏度的实验技术以及实验数据的处理方法。
③ 用乌式黏度计测定聚乙烯醇溶液的特性黏度，并求出聚乙烯醇试样的黏均相对分子质量。

8.6.2　测试原理

线型高分子溶液的基本特点之一是黏度比较大，并且其黏度值与平均相对分子质量有关，利用这一点可以测定高聚物的平均相对分子质量。

（1）特性黏度与高聚物相对分子质量的关系

$$[\eta] = K\overline{M}_\eta^\alpha$$

式中，$\overline{M}_\eta$ 为高聚物的黏均相对分子质量；K、α 为经验常数，它们的值与高聚物-溶剂体系及温度有关，与高聚物相对分子质量的范围也有一定的关系。

（2）黏度测定

对于高分子溶液的黏度测定，以毛细管黏度计最为方便。液体在毛细管中因自身重力作用而向下流动时的关系式为：

$$\eta = \frac{\pi h g R^4 t \rho}{8LV} - \frac{mV\rho}{8\pi Lt} \qquad \frac{\eta}{\rho} = At - \frac{B}{t}$$

第二项代表重力的一部分转化成了流出液体的动能，称为"动能修正项"。

$$\eta_r = \frac{\rho}{\rho_0} \frac{At - \dfrac{B}{t}}{At_0 - \dfrac{B}{t_0}}$$

式中，ρ_0、t_0 分别表示纯溶剂的密度和流出时间。当毛细管太粗，使溶剂流出时间小于100s，或者溶剂的比密黏度（η/ρ）太小时，必须考虑动能修正项。因为所测高分子溶液的浓度通常很稀（$c < 0.01\text{g/mL}$），溶液的密度与溶剂的密度近似相等（$\rho \approx \rho_0$），所以可以简化为：

$$\eta_r = \frac{t}{t_0}$$

（3）"一点法"求特性黏度

对于一般的线型柔性高分子-良溶剂体系，$k' \approx 0.3 \sim 0.4$，$k' + \beta \approx 1/2$ 联立式可得到一个"一点法"计算特性黏度的公式：

$$[\eta] \approx \frac{1}{c} \sqrt{2(\eta_{sp} - \ln \eta_r)}$$

而对于一些支化或刚性高分子-溶剂体系，$k' + \beta$ 偏离 $1/2$ 较大，此时可令 $\gamma = k'/\beta$，并假设与相对分子质量无关，可推得另一个"一点法"计算特性黏度的公式：

$$[\eta] = \frac{\eta_{sp} + \gamma \ln \eta_r}{(1 + \gamma)c}$$

在某一温度下，先用稀释法确定了 γ 值之后，就可通过式子用"一点法"计算相对分子质量。

8.6.3　仪器和试剂

乌式黏度计	1 支
恒温水浴装置（包括玻璃缸、搅拌器、加热器）	1 套
分析天平	1 台
玻璃仪器气流烘干器	1 台
秒表（最小读数精度至少 0.2s）	1 块
容量瓶（25mL）	2 个
砂芯漏斗（2 号）	1 只
吸耳球	1 个
夹子（固定黏度计用）	1 个
弹簧夹（夹乳胶管用）	2 个
环己酮	若干
聚乙烯醇	0.2g 左右
量筒	1 个

8.6.4　操作步骤（略）

8.6.5　数据及结果处理

根据所学理论，分组设计数据处理表格及处理方法，计算所测聚乙烯醇的相对分子量。

8.6.6　思考题及实验结果讨论

> **提示**
> 1. 高聚物分子量不是一个定值；
> 2. 对于相对分子量低的物质，分子量分布较宽时是否适用？
> 3. 从溶液的密度与溶剂的密度的关系确定该法使用的前提条件。

① 黏度法测定高聚物相对分子质量有何优缺点？使用公式 $\eta_r = \dfrac{t}{t_0}$ 的前提条件是什么？

② 影响黏度法测定相对分子质量准确性的因素有哪些？当把溶剂加入到黏度计中稀释原有的溶液时，如何才能使其混合均匀？若不均匀会对实验结果有什么影响？

③ 用"一点法"求相对分子质量有什么优越性？假设 k' 和 β 符合"一点法"公式的要求，则用 c_0 浓度的溶液测定的数据计算出的黏均相对分子质量为多少？它与外推法得出的结果相差多少？

④ 本实验所得结果是否令人满意？实验中出现了什么问题？其原因可能是什么？

8.6.7　注意事项

① 因为高分子溶液的黏度测定中要求浓度准确，因而测定中所用的容量瓶、黏度计等都必须事先进行清洗和干燥。实验完毕后也要及时清洗所用的玻璃仪器。一般盛放过高分子溶液的玻璃仪器，应先用其溶剂泡洗，待洗去高聚物并吹干溶剂等有机物质后，才可用洗液去浸洗，否则，有机物会把洗液中的 $K_2Cr_2O_7$ 还原，使洗液失效。在用洗液之前，玻璃仪器中的水分也应吹干，否则会稀释洗液，大大降低洗液的去污效果。

② 由于黏度计的毛细管较细，很容易被溶剂中的颗粒杂质或溶液中不溶解的颗粒杂质所堵塞，为此，测定中所用的溶剂和制备的溶液都必须经过砂芯漏斗的过滤。黏度计的洗涤一般应按照洗液→蒸馏水→干燥的步骤进行，用于洗涤黏度计的液体也必须用砂芯漏斗过滤。若黏度计比较干净，可用溶剂洗涤 3 次后倒挂晾干。

③ 使用黏度计时要小心仔细，防止折断黏度计上的支管。

④ 作外推图时，要注意所用浓度与最后结果的关系。若采用溶液的实际浓度（g/mL）。计算并作图时，所得截距值就是特性黏度 $[\eta]$ 值。而若采用相对浓度（c_0 的倍数）计算并作图时，相当于是把 c_0 值作为一个单位量值，因而外推得出的截距值需除以 c_0 后才是 $[\eta]$ 值。

参 考 文 献

[1] 焦剑，雷渭媛主编．高聚物结构、性能与测试．北京：化学工业出版社，2003.

[2] 潘祖仁主编．高分子化学．北京：化学工业出版社，2014.

[3] 何曼君等编著．高分子物理．上海：复旦大学出版社，2007.

[4] 王慧敏著．高分子材料概论．北京：中国石化出版社，2010.

[5] 吴其晔，冯莺编．高分子材料概论．北京：机械工业出版社，2004.

[6] 潘文群主编．高分子材料分析与测试．北京：化学工业出版社，2005.

[7] 陈厚编著．高分子材料分析测试与研究方法．北京：化学工业出版社，2011.